Daten-Übertragung und -Fernverarbeitung

von

Karl Oettl

Sammlung Göschen 9003

Walter de Gruyter

Berlin · New York · 1974

Dr. techn. Dipl.-Ing. *Karl Oettl*
W. Hofrat, Hon. Professor, Präsident i. R.
Lehrbeauftragter für Datenfernverarbeitung
an der Hochschule für
Sozial- und Wirtschaftswissenschaften in Linz

ISBN 3 11 004044 1

Printed in Germany

Satz und Druck: Mercedes-Druck, 1 Berlin 61
Bindearbeiten: Lüderitz & Bauer, 1 Berlin 61

Inhalt

1. Einleitung

1.1 Entwicklung und Aufgaben der Daten-Übertragung und -Fernverarbeitung

Die schnelle Übermittlung von Nachrichten – beispielsweise durch Lock-, Warn- und Hilferufe (akustisch) oder Gebärden (optisch) – ist bei vielen höheren Tierformen, insbesondere aber bereits beim prähistorischen Menschen als wichtiges Hilfsmittel zur Erhaltung des Einzellebens und der Art feststellbar. Frühzeitig wurden dabei verabredete Zeichen zu bestimmten Informationen zugeordnet, die weitere Entwicklung ergab folgende Grundforderungen: Hohe Geschwindigkeit und Reichweite, große Zuverläßlichkeit, dazu kommt noch fallweise Geheimhaltung, reicher Nachrichteninhalt. Zu ihrer Erfüllung wurden die verschiedenartigsten physikalisch-technischen Methoden und Hilfsmittel eingesetzt wie: Akustik (Hörner, Trommeln, Ratschen, Glocken, Sirenen, Hupen), Optik (Rauch- und Feuerzeichen, Fahnen, Lampen, Schauzeichen, Semaphore, Leuchtkugeln), Pneumatik (Ventile und Kolben), Mechanik (Drahtzüge), aber die führende Rolle erreichte im letzten Jahrhundert die elektrische Nachrichtentechnik. Bei der Übertragung von Nachrichten werden sehr oft Ketten gebildet, deren einzelne Glieder verschiedene der oben erwähnten Methoden verwenden.

Während durch Zeiträume hindurch, welche nur mit geologischen Maßstäben erfaßbar sind, intelligenten Organismen die Nutzung derartiger Nachrichtenübertragungen vorbehalten war, kam es in den letzten Jahrzehnten zu einer stürmischen Entwicklung von Automaten, welche den Menschen dabei unterstützen. Eine ganze Reihe neuer Begriffe entstand, darunter auch die Begriffe „Datenübertragung“ und „Datenfernverarbeitung“, wobei unter „Daten“ Informationen verstanden werden, die aus automatischen Prozessen stammen oder für solche bestimmt sind. Der allgemeine Sprachgebrauch verwendet allerdings das Wort „Daten“ in einem etwas weiteren Umfang.

Der Datenübertragung fällt die Aufgabe zu, die Daten möglichst unverfälscht und möglichst rasch durch die Übertragungskette zu leiten, während sich die Datenfernverarbeitung mit ihrer (womöglich unmittelbar) anschließenden automatischen Verwertung befaßt.

Daten können in verschiedenen elektrischen Formen übermittelt werden; besonders verbreitet ist ihre Darstellung durch elektrische Impulse von festgelegter Dauer, die daraus entwickelte Betriebsform heißt „digitale Datenübertragung (digital data transmission)“, mit ihr werden sich die folgenden Ausführungen hauptsächlich befassen. Die Datenfernverarbeitung hat bereits ein sehr umfangreiches Anwendungsgebiet erobert, das durch die folgende Übersicht umrissen werden kann:

Zivile staatliche Verwaltung: Datenaustausch zwischen den Arbeitsämtern, den Polizeidienststellen, den Zollstellen, den Dienststellen der Finanzverwaltung und der Wahlbehörden.

Landesverteidigung: Hier wird begreiflicherweise der neueste Stand der Entwicklung geheim gehalten.

Verkehr: Ganz besonders Raumfahrt, aber auch Flug- und Eisenbahndienst, Straßenverkehr, Betrieb von Öl- und Gasleitungen, Schiffahrt.

Wissenschaft: Astronomie, Geophysik, Wetterkunde, Umweltschutz, Medizin, Archivierungen.

Geld- und Versicherungsinstitute.

Produktion und Technik: Elektrizitätswirtschaft, Prozeßsteuerung in hochautomatisierten Betrieben.
Koordinierungen innerhalb dezentraler Fabrikationsgruppen.

Handel: Bestellwesen, Lagerführung, Fakturierungen.

Nachrichtenwesen: Steuerung des Verbindungsaufbaus in Fernmeldenetzen, Optimierung der Leitungsbelastungen, Gebührenverrechnung.
Zeitungen: Fernsetzen.

Sport-Großveranstaltungen – insbesonders wenn eine dezentralisierte Austragungsform gewählt wird.

Dienstleistungen: z. B. Zimmerreservierungen.

Zusammenfassend sei hervorgehoben, daß jede Großorganisation an der Verfeinerung des Kontaktes zwischen ihren Zentralstellen untereinander und ihren Außenstellen sowie an der Ausgestaltung von Querverbindungen zu anderen Organisationen interessiert ist. Dazu bietet sich die Datenfernverarbeitung in vielfältiger Form als wichtiges Hilfsmittel an; dementsprechend erweitert sich ständig ihr Anwendungsbereich, zugleich aber auch der Kreis der mit ihr befaßten Personen.

1.2 Die im vorliegenden Band gewählte Darstellungsart

Der Band soll das Eindringen in ein Begriffssystem, welches zum Teil erst in letzter Zeit entstanden ist, ermöglichen. Dazu wurden vor allem graphische Darstellungen gewählt und aus Platzgründen keine ausführliche mathematische Behandlung der Probleme gebracht, sondern nur die wichtigsten, häufig gebrauchten Formeln – meist ohne Beweis – wiedergegeben. Um ein Einprägen von ganz besonders wichtigen Rechenregeln zu erleichtern, wurde statt der üblichen formalen Abkürzungen eine wörtliche Darstellung gewählt.

Für Interessenten, welche auf eine genaue mathematische Erfassung der Materie Wert legen, steht am Schluß des Bandes ein entsprechendes Literaturverzeichnis.

Von Abkürzungen wurde sehr sparsam Gebrauch gemacht, insbesonders in Fällen, in denen die internationale Form der Abkürzung von der deutschsprachigen abweicht.

Zur Fundierung der auf das eigentliche Thema des Buches ausgerichteten späteren Kapitel erschien es notwendig, einen kurzen Überblick über die allgemeine Übertragungstechnik zu bringen, wobei praktische, für die Datenübertragung wichtige Einzelheiten wesentlich genauer als sonst üblich behandelt wurden.

Stark betont wurden die Empfehlungen des CCITT (INTERNATIONAL TELEGRAPH AND TELEPHONE CONSULTATIVE COMMITTEE) der CEPT (CONFÉRENCE EUROPEEN DES POSTES ET TÉLÉCOMMUNICATIONS), auch Osteuropa ist dort vertreten –, der ISO/TC 97/SC 6 (INTERNATIONAL ORGANIZATION FOR STANDARDIZATION – DIGITAL DATA TRANSMISSION) und des DNA (DEUTSCHEN NORMENAUSSCHUSSES), welche auf eine breite internationale fachliche Basis gestützt einen guten Überblick über den Stand, die Probleme und die Entwicklungstendenzen der Datenübertragung bieten. Die Befassung mit Normungen erscheint notwendig, weil sonst eine fast ins uferlose wachsende Zahl von Ausführungsformen entstehen würde; eine unparteiische Auswahl ist besonders wichtig. Dabei wurde vor allem versucht, grundsätzliches Verständnis für Normungen zu erwecken, ohne dabei in eine bürokratische Darstellungsform, welche manchen Normungen nachgesagt wird, zu verfallen. Der knappe Umfang des Buches setzt allerdings auch der Behandlung von Normen gewisse Grenzen.

2. Die für den Datenverkehr wichtigen Teile der allgemeinen Übertragungstechnik

2.1 Grundzüge der Analog-Technik

Trotz der starken Verbreitung von Hör- und Fernsehfunk kann noch immer der Fernsprecher als wichtigstes elektrisches Informationsmittel und als Grundlage der gesamten übrigen Nachrichtentechnik angesehen werden, da er einen gegenseitigen Informationsaustausch ermöglicht, der bei den Fernsprechteilnehmerstellen nötige technische Aufwand meist bescheiden ist und ein dicht ausgebautes Fernsprechnetz die ganze bevölkerte Erde umspannt. Obwohl Spezialnetze für Datenübertragung im Entstehen begriffen sind, wird in nächster Zeit auf die Mitbenützung dieses riesigen Fernsprechnetzes für Zwecke der Datenübertragung nicht verzichtet werden können.

Abb. 1 stellt eine im Fernwählbetrieb aufgebaute Sprechverbindung dar. (Rufender Teilnehmer – Anschlußamt – Fernnetz – fernes Anschlußamt – gerufener Teilnehmer.) Dabei wird die in das Teilnehmermikrophon eingesprochene akustische Information in elektrische Signale umgesetzt, diese Signale sollen möglichst unverfälscht über die Verbindung laufen und werden im Fernhörer des Empfängers wieder in die akustische Form rückgewandelt. Die auf der elektrischen Strecke fließende Energie soll im Idealfall analog dem Schalldruck vor dem Mikrophon gesteuert werden und umgekehrt der Schalldruck am Ausgang des Fernhörers analog der eintreffenden elektrischen Energie pulsieren. Ein derartiger Vorgang wird daher eine „Analogübertragung" genannt.

Auf die Informationsumsetzung im Mikrophon bzw. im Fernhörer soll hier nicht weiter eingegangen werden, sondern nur die elektrische Strecke näher betrachtet werden. In Abb. 1 ist der zeitliche Verlauf von Spannung (u_a) und Strom (i_a) am Anfang bzw. Ende der Verbindung (u_e i_e) – wie er etwa durch einen Oszillographen ermittelbar ist – dargestellt. Dabei wurde der einfache Fall „Pfeifen eines Doppeltons in ein hochwertiges Mikrophon" angenommen, trotzdem sind die entstehenden Kurven ziemlich unübersichtlich, bei gewöhnlicher Sprache, insbesonders wenn sie reich an Zischlauten ist, werden sie wesentlich komplizierter. Nun läßt es sich beweisen, daß alle diese Kurven als ein Gemisch von Sinusschwingungen aufgefaßt werden können. Im vorliegenden Fall ist ihre Entstehung aus zwei Sinusschwingungen von 300 bzw. 800 Perioden/sec evident.

Man nennt die Periodenzahl/sec oder Schwingungszahl/sec „Frequenz"; ihre Einheit ist das „Hertz" – übergeordnete Einheiten: „Kilo-Hertz = 10^3 Hertz, Megahertz = 10^6 Hertz, Gigahertz = 10^9 Hertz".

Abkürzungen: Hz bzw. kHz, MHz, GHz.

Formelzeichen für die Frequenz: f, im gewählten Beispiel: f_1 = 300 Hz = 0,3 kHz, f_2 = 800 Hz = 0,8 kHz.

Die Kombination $2\pi f$ kommt in Formeln häufig vor, zur Vereinfachung führt man die „Kreisfrequenz $\omega = 2\pi f$" ein.

Die menschliche Sprache reicht von etwa 80 bis 8000 Hz, doch zeigte es sich, daß im Fernsprechbetrieb die Übertragung eines Sprachbandes von 300 bis 3400 Hertz zur Erzielung einer ausreichenden Verständigung vollauf genügt, in Sonderfällen begnügt man sich mit einem noch schmäleren Band.

Für theoretische und meßtechnische Untersuchungen von Übertragungssystemen erwies es sich sehr zweckmäßig, statt eines komplizierten Frequenzgemisches nur eine oder einige wenige Frequenzen in das System einzusenden. Die Eingabe erfolgt dabei nicht über ein Mikrophon, sondern über einen Tongenerator, der mittels einer schwingfähigen Transistor- oder Röhrenschaltung die nötigen sinusförmigen Spannungen erzeugt.

2.2 Der Wellenwiderstand

Abb. 2 stellt eine „unendlich lang gedachte" Leitung dar, an deren Eingang ein Tonfrequenzgenerator eine Eingangsspannung u_a und einen Eingangsstrom i_a aufdrückt. Darunter ist der zeitliche Verlauf von u_a und i_a gezeichnet. Die folgende Übersicht bringt die Bedeutung der in den kommenden Ausführungen verwendeten Größen, ihrer Formelzeichen und ihrer mathematischen Verknüpfungen (s. Tabelle S. 12).

Die meisten Strom- und Spannungsmeßgeräte sind in Effektivwerten geeicht; der Effektivwert eines Wechselstromes kann wie folgt erklärt werden: Er stellt die Größe jenes Gleichstroms dar, der in einem beliebig großen, induktionsfreien Widerstand dieselbe Wärmeleistung ergibt wie der vorgegebene Wechselstrom.

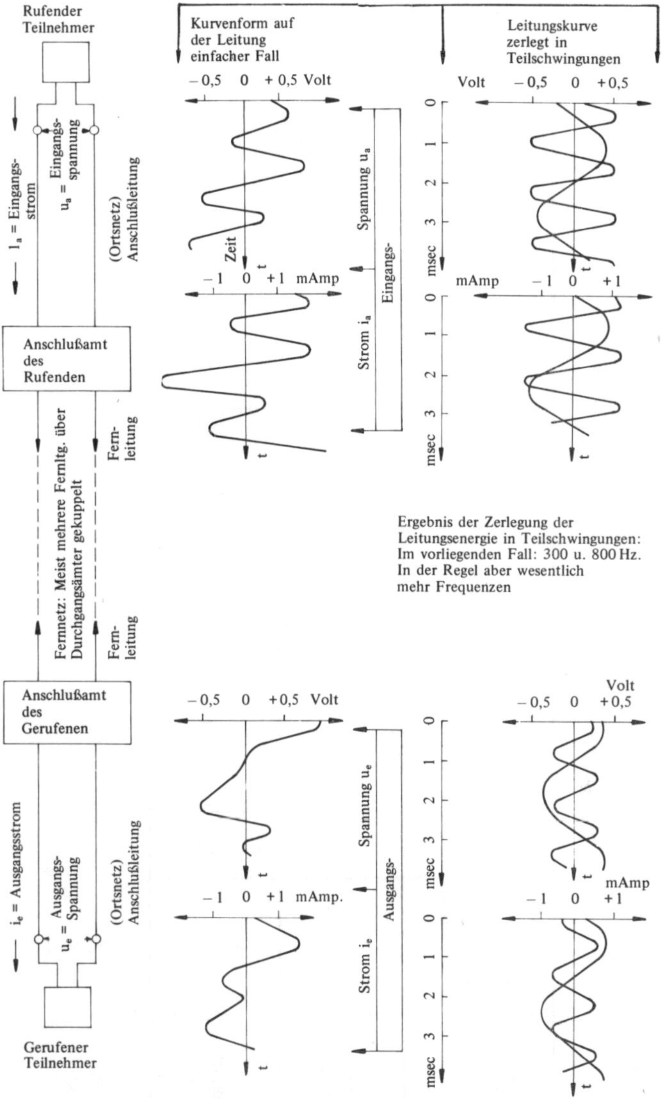

Abb. 1: Beispiel für eine Fernsprechverbindung

	Momentan-wert	Höchst-wert	Effektiv-wert	Verknüpfungs- bzw. Definitionsformeln	
Eingangs-spannung	u_a	$\hat{U}_a$	U_a	$u_a = \hat{U}_a \sin \omega t \quad \frac{1}{T}\int_0^T u_a^2 \, dt = \frac{\hat{U}_a^2}{2} = U_a^2$	f . . . Frequenz $\omega = 2\pi f$ T . . . Schwingungsdauer $= 1/f$ φ . . . Phasenwinkel zwischen Strom und Spannung
Eingangs-strom	i_a	$\hat{I}_a$	I_a	$i_a = \hat{I}_a \sin(\omega t + \varphi) \quad \frac{1}{T}\int_0^T i_a^2 \, dt = \frac{\hat{I}_a^2}{2} = I_a^2$	

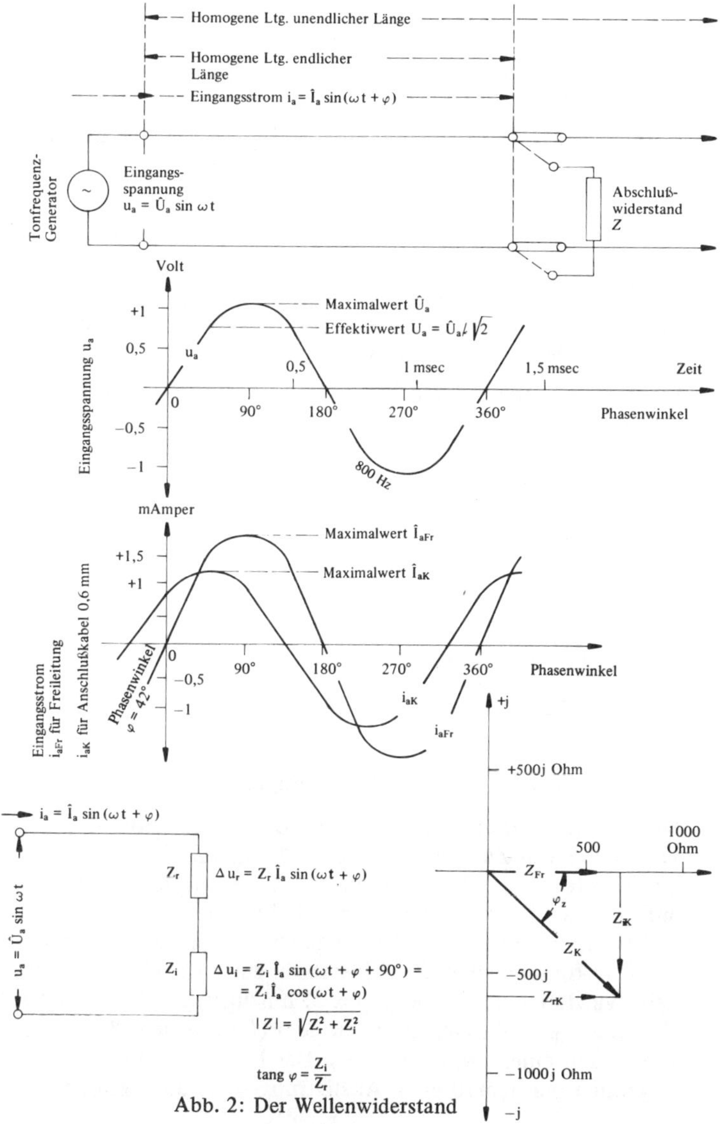

Abb. 2: Der Wellenwiderstand

Im Stromdiagramm sind 2 Kurven gezeichnet, es gelten:

Formelzeichen mit dem Index „Fr"	für eine verlustarme Freileitung
Formelzeichen mit dem Index „K"	für eine Anschlußkabelleitung (Aderndurchmesser 0,6 mm).

Markant ist, daß der Eingangsstrom einer Freileitung (annähernd) phasengleich der aufgedrückten Spannung ist, während der Eingangsstrom einer Kabelleitung – wie im Stromdiagramm gezeichnet – einen Phasenvoreilungswinkel $\varphi = 42^\circ$ (oder rund 45°) aufweist.

Es wird nun eine – für jede Leitungsart charakteristische Größe – der „Wellenwiderstand Z" eingeführt, welche eine mathematische Verknüpfung zwischen der Eingangsspannung und dem Eingangsstrom erlaubt.

Man definiert:

$$Z = \frac{U_a}{I_a} = \frac{\hat{U}_a}{\hat{I}_a}$$

oder in Worten:

Absolutwert des Wellenwiderstandes =

$$= \frac{\text{Effektivwert der Eingangsspannung}}{\text{Effektivwert des Eingangsstroms}}\,.$$

Mehr Rechenaufwand erfordert die Berücksichtigung des Phasenwinkels. Zu diesem Zweck faßt man Z als komplexe Größe mit der reellen Komponente Z_r der imaginären Z_i auf – sie sind in einer Gaußschen Zahlenebene (Abb. 2, rechts unten) dargestellt. Um anzudeuten, daß es sich dabei um den komplexen Wellenwiderstand einer Kabelleitung handelt, wurde im Bild 2 der Index K hinzugefügt; also Z_K bzw. Z_{rK} und Z_{iK} – im Gegensatz zu dem (fast) reellen Wellenwiderstand einer Freileitung Z_{Fr}. Der Index K wurde in den folgenden mathematischen Ausführungen als unerheblich weggelassen. Z erscheint somit als Vektor mit dem Phasenwinkel φ_Z. Es gelten folgende Verknüpfungsgleichungen:

$$Z = Z_r + j \cdot Z_i \qquad |Z| = \sqrt{Z_r^2 + Z_i^2} \qquad \text{tang}\, \varphi_Z = \frac{Z_i}{Z_r}$$

$$Z_r = |Z| \cdot \cos \varphi_Z \qquad Z_i = |Z| \cdot \sin \varphi_Z \,.$$

Man definiert, daß beim Durchgang eines Stroms durch Z_r eine „treibende Spannung" benötigt wird, welche, dem Strom phasengleich, folgender Gleichung entspricht:

$$\begin{aligned} \Delta u_r &= Z_r \cdot i_a = Z_r \cdot \hat{I}_a \sin(\omega t + \varphi) = \\ &= |Z| \cdot \hat{I}_a \cdot \cos \varphi_Z \cdot \sin(\omega t + \varphi)\,. \end{aligned}$$

Beim imaginären Teil von Z ist dagegen die benötigte treibende Spannung um 90° voreilend, es ergibt sich folgende Gleichung:

$$\begin{aligned} \Delta u_i &= Z_i \cdot \hat{I}_a \sin(\omega t + \varphi + 90^\circ) = \\ &= |Z| \cdot \hat{I}_a \sin \varphi_Z \cos(\omega t + \varphi)\,. \end{aligned}$$

Die Summe von $\Delta u_r + \Delta u_i$ muß der aufgedrückten Spannung u_a gleich sein:

$$\begin{aligned} u_a &= \hat{U}_a \sin \omega t = \Delta u_r + \Delta u_i = \\ &= |Z| \cdot \hat{I}_a [\cos \varphi_Z \sin(\omega t + \varphi) + \sin \varphi_Z \cos(\omega t + \varphi)] = \\ &= |Z| \cdot \hat{I}_a \sin(\omega t + \varphi + \varphi_Z) = \hat{U}_a \sin(\omega t + \varphi + \varphi_Z)\,. \end{aligned}$$

Daraus folgt:

$$\sin \omega t = \sin(\omega t + \varphi + \varphi_Z)$$

oder

$$\varphi + \varphi_Z = 0 \ \text{ bzw. } \ \varphi_Z = -\varphi\,.$$

Der Phasenwinkel des Wellenwiderstandes ist somit gleich dem negativen Phasenwinkel des Stroms, im vorliegenden Beispiel −42°.

Elektrisch gleichwertig einer unendlich lang gedachten Leitung ist eine Leitung endlicher Länge, welche am fernen Ende mit dem Wellenwiderstand „reflexionsfrei" abgeschlossen ist (vgl.

diesbezüglich Abschnitt 2.6). Da das Arbeiten mit komplexen Größen bisweilen als schleppend empfunden wird, wählt man oft als Abschlußwiderstand Z = 600 Ohm (ohne imaginären Teil bzw. ohne Phasenwinkel). Dies entspricht ziemlich genau dem Wellenwiderstand einer Freileitung. Allerdings ist die Bedeutung von Freileitungen in letzter Zeit sehr gering geworden, aber hochfrequente Kabelleitungen, die immer stärker in Erscheinung treten, besitzen ebenfalls einen reellen, allerdings wesentlich kleineren Wellenwiderstand, die Umrechnung der für derartige Kabelsysteme geltenden Gleichungen auf einen Normalwiderstand von 600 Ohm bereitet wenig Schwierigkeiten, daher wird 600 Ohm in vielen Normen als Abschlußwiderstand gewählt. Auch unsere folgenden Ausführungen werden sich sehr stark – um Weitläufigkeiten zu vermeiden – an diese Tendenz halten. Auf die Vektordarstellung von Z wird nur in Ausnahmefällen zurückgegriffen werden.

Wichtig sind ferner Verknüpfungsformeln zwischen dem Wellenwiderstand und Parametern, welche die technisch-physikalische Ausführungsform einer Leitung kennzeichnen, diese sind

R' der Wirkwiderstand einer Doppelleitung/km oder ihr „Widerstandsbelag" (Ohm/km), er ist im Niederfrequenzband praktisch frequenzunabhängig, steigt aber im Hochfrequenzgebiet infolge Stromverdrängungen an. Außerdem ist er schwach temperaturabhängig. Die Abhängigkeit vom Aderndurchmesser gibt folgende Formel wieder: $\frac{45 \text{ bis } 47}{d^2}$ in Ohm/km, dabei bedeutet d den Aderndurchmesser in mm, übliche Ausführungsformen: 0,4, 0,6, 0,8, 0,9, 1,2, 1,4 mm.

G' die Ableitung/km in Siemens/km; sie spielt im Niederfrequenzband wetterbedingt nur bei Freileitungen eine Rolle, im Hochfrequenzband steigt sie bei allen Leitungsarten, bedingt durch die elektrischen Verluste im Isolationsmaterial – abhängig von der Materialgüte – an. Im Freileitungsbetrieb sprunghaftes Ansteigen bei Rauhreif.

L′ Der Selbstinduktionsbelag in Henry/km. Bei gewöhnlichen Kabelleitungen etwa 0,7 mHenry/km = $7 \cdot 10^{-4}$ Henry/km Bei Bespulung der Kabeladern: Etwa $47{,}7 \cdot 10^{-3}$ Henry/km. (Vgl. über Bespulung Abschnitt 2.3.)

C′ die Kapazität/km oder der Kapazitätsbelag in Farad/km.

In der einschlägigen Fachliteratur wird meist der Kapazitätsbelag nicht in F/km, sondern in nF/km (1 nF = 10^{-9} Farad) mit folgenden Richtwerten angegeben:

A. Einfache papierisolierte Anschlußkabel

Aderndurchmesser	0,4 mm	0,6 mm	0,8 mm
Kapazitätsbelag C′	28–32 nF/km	31–38 nF/km	33–38 nF/km

B. Kabel mit hochwertigerem Dielektrikum

Aderndurchmesser	0,8–0,9 mm	1,2 mm	1,4 mm
Kapazitätsbelag C′	32–34 nF/km	35 nF/km	36 nF/km

Dann gelten folgende Formeln, deren Ableitung um Weitläufigkeiten zu vermeiden, hier nicht gebracht wird:

Wellenwiderstand in komplexer Form:

$$Z = \sqrt{\frac{R' + j\omega L'}{G' + j\omega C'}}\ \text{Ohm}\,.$$

Absoluter Betrag des Wellenwiderstandes:

$$|Z| = \sqrt[4]{\frac{R'^2 + \omega^2 L'^2}{G'^2 + \omega^2 C'^2}}\ \text{Ohm}\,.$$

Phasenwinkel des Wellenwiderstandes:

$$\varphi_z = \frac{1}{2}\left(\text{arctang}\,\frac{\omega' L'}{R'} - \text{arctang}\,\frac{\omega C'}{G'}\right).$$

Für unbespulte Kabel können im Niederfrequenzband G' und $\omega \cdot L'$ in erster Näherung vernachlässigt werden.

Dann ergibt sich:

$$|Z| = \sqrt{\frac{R'}{\omega C'}}\ \text{Ohm}$$

oder unter Berücksichtigung der Schwankungsbreite der oben angeführten numerischen Werte:

$$|Z| = \frac{1440 \text{ bis } 1490}{d\sqrt{f}}.$$

In der Formel für den Phasenwinkel wird dann das erste Glied 0, das zweite 90°, der Phasenwinkel beträgt daher angenähert −45°.

Für Freileitungen, Hochfrequenzleitungen und Spulenleitungen (für den Bereich unter 45% der Grenzfrequenz) gilt:

$$|Z| = \sqrt{\frac{L'}{C'}}$$ (R' gegen $\omega \cdot L'$ und G' gegen $\omega \cdot C'$ vernachlässigt).

Der zugehörige Phasenwinkel kann näherungsweise gleich 0 gesetzt werden.

Numerische Werte:	Für Freileitungen	= 560 bis 600 Ohm
	Für symmetrische Hochfrequenzkabel	= 110 bis 190 Ohm
	Für Koaxialkabel (vgl. näheres unter 2.3)	= 73 bis 78 Ohm .

2.3 Restdämpfung, Verstärkung

Abb. 3 stellt wieder eine Übertragungsstrecke dar, allerdings sind gegenüber den Abb. 1 und 2 einige Änderungen vorgenommen worden: Es wurde ein Fernsprech*kanal* (statt „Leitung“ in Abb. 1) angenommen, es kann sich somit auch um eine Sprechmöglichkeit über ein hochfrequentes Mehrfachsystem (vgl. Abschnitt 2.5) handeln. Dieser Kanal habe einen Wellenwiderstand von 600 Ohm und ist beiderseits ebenfalls mit 600 Ohm abgeschlossen. Zu diesem Zwecke sind dem an und für sich niederohmigen Tonfrequenzgenerator auf der Eingangsseite 2 symmetrische Widerstände zu je 300 Ohm vorgeschaltet, das ferne Ende ist ebenfalls mit 600 Ohm abgeschlossen, parallel liegt ein hochohmiges Spannungsmeßgerät. Im Normalfall wählt man die Spannung des Tonfrequenzgenerators derart, daß eine Eingangsspannung von 0,775 Volt und ein Eingangsstrom von 1,29 mAmper entsteht, was einer Eingangsleistung von 0,775 Volt x 1,29 mAmper = 1 mWatt entspricht. Hier sei die Eingangsspannung etwas höher gewählt, so daß eine leichte „Übersteuerung“ des Systems auftritt.

Da die Stromkurve mit der Spannungskurve durch den allseitigen Abschluß mit 600 Ohm nach der Relation:

$\text{Strom} = \dfrac{\text{Spannung}}{600\,\text{Ohm}}$ fest gekuppelt ist, genügt es, Eingangs- und Ausgangsspannung zu betrachten; ihre Effektivwerte sind fast immer voneinander verschieden, meist ist die Ausgangsspannung kleiner, zur zahlenmäßigen Erfassung dieser Spannungsverminderung führt man den Begriff der „Restdämpfung“ ein und definiert:

$\text{Restdämpfung } a = \ln \dfrac{\text{Eingangsspannung}}{\text{Ausgangsspannung}}$, dabei bedeutet „ln“ den natürlichen Logarithmus.

Zahlenbeispiel: Eingangsspannung: 0,775 Volt,
Ausgangsspannung: 0,3875 Volt,

$$\text{Restdämpfung} = \ln \frac{0{,}775}{0{,}3875} = \ln 2 = 0{,}693\ .$$

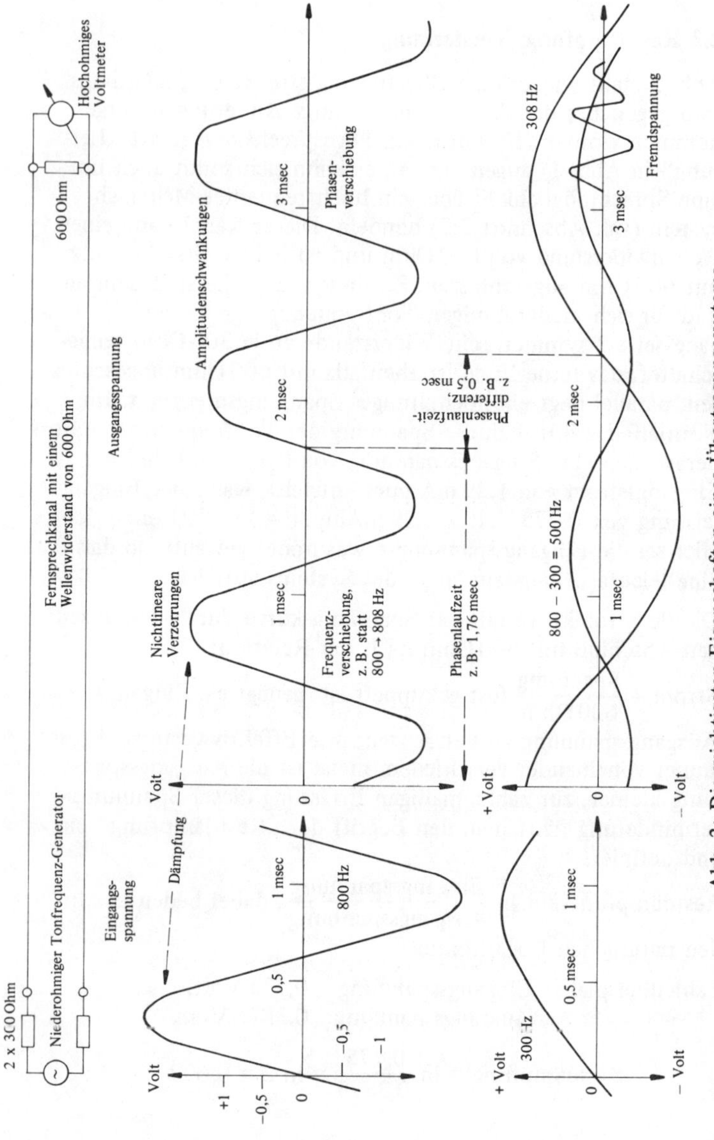

Abb. 3: Die wichtigsten Eigenschaften eines Übertragungssystems

Dem Resultat, welches sich aus dieser Rechenregel ergibt, ordnet man die Einheit „Neper“ (Abkürzung Np) zu, somit in unserem Beispiel: Restdämpfung = 0,693 Neper.

Allerdings besteht noch eine andere definierende Rechenregel für die Restdämpfung; diese lautet:

$$\text{Restdämpfung } a = \log \frac{\text{Eingangsleistung}}{\text{Ausgangsleistung}} =$$

$$= 2 \log \frac{\text{Eingangsspannung}}{\text{Ausgangsspannung}},$$

wobei log den dekadischen Logarithmus bedeutet.

Für das oben angenommene Zahlenbeispiel folgt:

$$a = 2 \log \frac{0{,}775}{0{,}3875} = 2 \log 2 = 2 \cdot 0{,}301 = 0{,}602 .$$

Dem so gewonnenem Resultat ordnet man eine andere Einheit, nämlich das „Bel“ zu und erhält: Restdämpfung = 0,602 Bel.

Das „Bel“ hat sich allerdings in der Praxis als Einheit nicht durchgesetzt, vielmehr jedoch $^1/_{10}$ davon, das Dezibel, in dieser Einheit ausgedrückt lautet unser Ergebnis: Restdämpfung = = 6,02 Dezibel, die zugehörige Rechenregel nimmt folgende Form an:

$$a = 10 \log \frac{\text{Eingangsleistung}}{\text{Ausgangsleistung}} =$$

$$= 20 \log \frac{\text{Eingangsspannung}}{\text{Ausgangsspannung}} .$$

Sowohl das Neper als auch das Dezibel ist in internationalen Normen verankert. Der Umrechnungsschlüssel lautet:

1 Neper = 8,686 Dezibel $\quad (8{,}686 = 20 \log e)$

1 Dezibel = 0,1151 Neper $\quad \left(0{,}1151 = \frac{\ln 10}{20}\right).$

In der fernmeldetechnischen Meßpraxis wird allerdings kaum mit den oben angeführten Rechenregeln gearbeitet, denn die verwendeten Spezialmeßgeräte besitzen meist Skalen, welche in Neper oder Dezibel (bzw. in beiden Einheiten) geeicht sind.

Neben der „Restdämpfung" ist auch der Begriff der „Wellendämpfung einer Leitung" wichtig. Die Wellendämpfung wird analog der Restdämpfung ermittelt, nur dient dabei statt 600 Ohm der Wellenwiderstand als beiderseitiger reflexionsfreier Abschluß (vgl. auch Abschnitt 2.6). Dividiert man die Wellendämpfung einer Leitung durch ihre Länge, so erhält man die „Wellendämpfung je laufenden km", welche auch mit „Dämpfungskonstante" oder „Dämpfungsmaß" (Abkürzung α) bezeichnet wird.

Abb. 4 bringt ein Nomogramm zur Ermittlung des Dämpfungsmaßes von unbespulten Anschlußkabeln. Die Skala für den Aderndurchmesser ist logarithmisch, dagegen wurden die Frequenz- und Dämpfungsskalen nach einem Sonderverfahren berechnet.

Das Nomogramm ist für den niederfrequenten Bereich von 300–3400 Hz zuverlässig, für höhere Frequenzen gibt es allerdings nur Richtwerte, da sich hier Fabrikationsverschiedenheiten bemerkbar machen. Die hohen Frequenzen wurden mit Rücksicht auf ihre immer stärkeren Verwendung, welche sich nunmehr auch auf Anschlußkabel erstreckt, in die Darstellung aufgenommen.

Ergänzend zu Abb. 4 bringt Abb. 5 ein Nomogramm zur Ermittlung des Dämpfungsmaßes von Koaxialkabeln, welche vorzugsweise für die Übertragung hoher Frequenzen bestimmt sind. Als Leiter dienen dabei „Tuben", diese bestehen aus einem zylinderförmigen „Außenleiter", in dessen Zentrum ein entsprechend isolierter „Innenleiter" geführt ist. (Schematische Querschnitte siehe Abb. 5 und 14.)

Formeln für α: Am Schluß des Abschnittes 2.4 (Phasenmaß und Laufzeit).

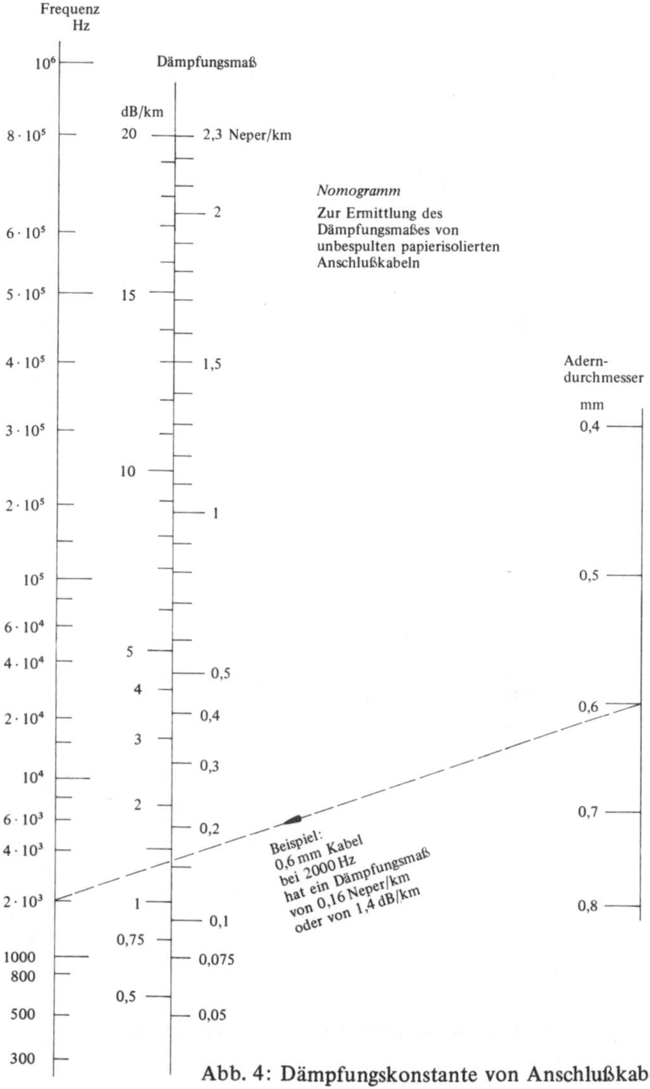

Abb. 4: Dämpfungskonstante von Anschlußkabeln

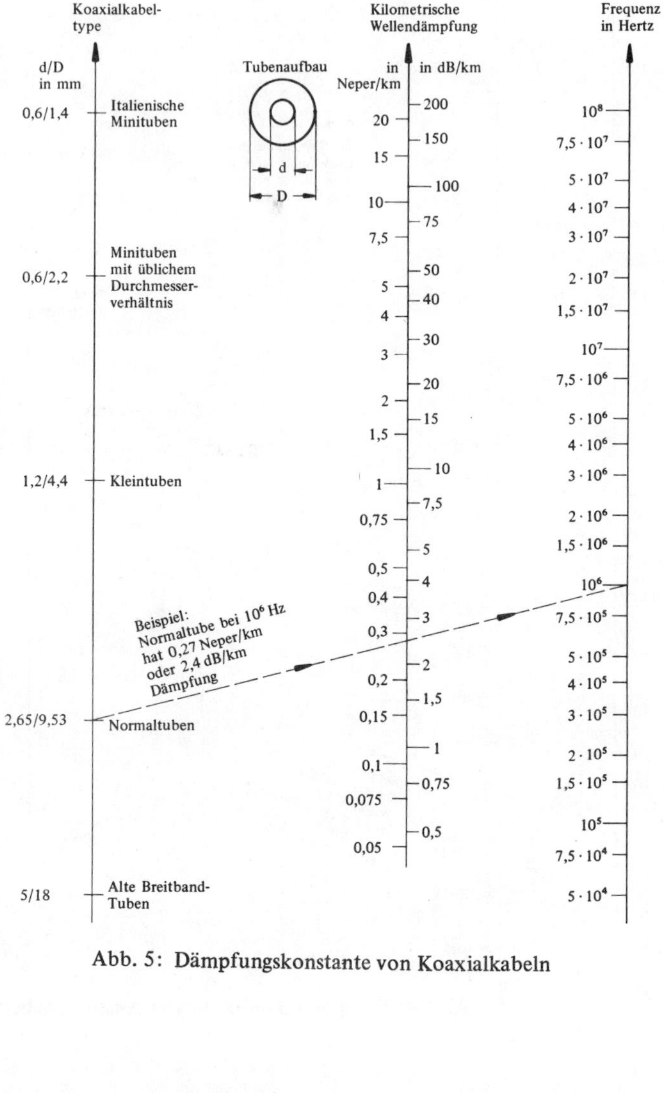

Abb. 5: Dämpfungskonstante von Koaxialkabeln

Eine der ältesten Aufgaben der Übertragungstechnik war, den Auswirkungen der Leitungsdämpfung entgegenzutreten. Neben der kostspieligen Verwendung großer Leiterquerschnitte war die erste brauchbare Lösung die Einschaltung von Selbstinduktionen (Pupinspulen) in regelmäßigen Abständen (derzeit hauptsächlich 1,7 km ausgeführt). Die Dämpfung wird dadurch zwar erheblich vermindert, allerdings werden Frequenzen, welche oberhalb einer bestimmten „Grenzfrequenz" liegen, nicht mehr übertragen. Die Grenzfrequenz kann folgendermaßen ermittelt werden:

C' bedeutet, wie bereits unter 2.2 erwähnt, den Kapazitätsbelag der Leitung

s den Abstand zweier Spulenpunkte (Spulenfeldlänge)

C_s $= s \cdot C'$ die Kapazität je Spulenfeld

L_s die Selbstinduktion der Spulen (der Selbstinduktionsbelage der laufenden Leitungsstrecke kann dagegen vernachlässigt werden).

Dann beträgt die Grenzfrequenz

$$f_0 = \frac{1}{\pi \cdot \sqrt{L_s \cdot C_s}} \text{ bzw. } \omega_0 = 2\pi f_0 = \frac{2}{\sqrt{L_s \cdot C_s}} .$$

Für den Betrieb auf Kabeladernpaaren wird derzeit $f_0 \approx 4500\,\text{Hz}$ gewählt.

Die Leitung wirkt somit als „Tiefpaß". Die Bespulung wird z. B. in den äußersten Ausläufern von Ortsnetzen noch immer angewandt.

Den entscheidenden Fortschritt brachte aber der elektronische Verstärker, zuerst in Form der Röhrenverstärker, später kamen die Halbleiter, insbesonders die Transistorverstärker. Während die bisherigen Zweidrahtleitungen ein Sprechen in beiden Übertragungsrichtungen (Gegensprechen) erlaubten, gestattete der elektronische Verstärker nur mehr eine einseitig gerichtete Übertragung. Es mußten daher Hin- und Rückrichtung einer Gegensprechübertragung in einer Spezialschaltung, der Gabel,

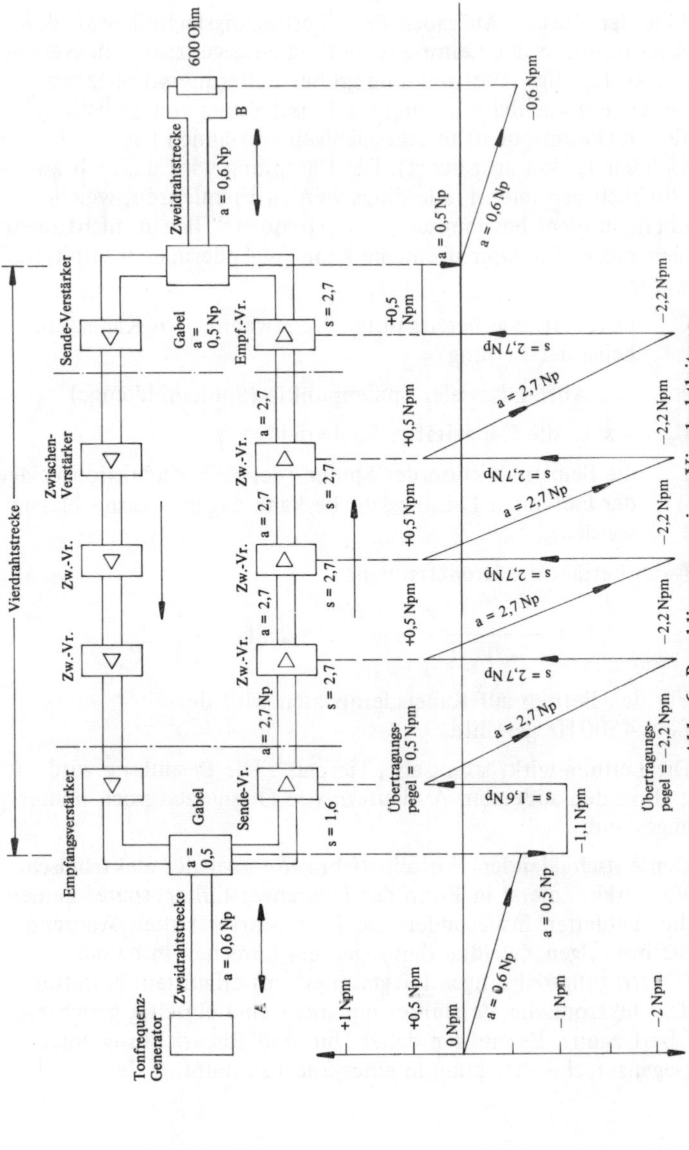

Abb. 6: Pegeldiagramm einer Vierdrahtleitung

voneinander getrennt werden, so daß die mit Verstärkern ausgerüstete Strecke statt 2 Adern, nunmehr 4 Adern benötigte, so entstand der Ausdruck „Vierdrahtleitung“. Abb. 6 bringt eine schematische Darstellung einer derartigen Vierdrahtleitung, an ihrem Anfang bzw. ihrem Ende kann eine (meist kurze) Zweidrahtstrecke vorgesehen werden. Die Gabelschaltungen vermitteln den Übergang von Zweidraht- auf Vierdrahtbetrieb. Die Übertragungsrichtung von A nach B (bzw. von links nach rechts) wird durch die untere Verstärkerkette dargestellt, nach der Gabel kommt die Sprechenergie zunächst zu einem Sendeverstärker und anschließend auf ein Teilstück (Verstärkerfeld) der Vierdrahtleitung, hier erleidet sie eine Dämpfung, welche sich aus der Beziehung $a = \alpha \cdot$ Verstärkerfeldlänge ergibt, doch wird diese im nachfolgendem Zwischenverstärker wieder wettgemacht, es folgt wieder ein Verstärkerfeld usw. bis zum Endverstärker bzw. bis zur 2ten Gabel. Analog ist die Gegenrichtung von B nach A (s. Abb. 6 oben) aufgebaut.

Zur zahlenmäßigen Charakterisierung von Verstärkern dienen folgende Rechenregeln:

a) Für das Neper-System:

$$\text{Verstärkung } s = \ln \frac{\text{Verstärkerausgangsspannung}}{\text{Verstärkereingangsspannung}} \text{ Neper} =$$

$$= \frac{1}{2} \cdot \ln \frac{\text{Verstärkerausgangsleistung}}{\text{Verstärkereingangsleistung}} \text{ Neper} .$$

b) Für das Dezibelsystem:

$$\text{Verstärkung } s = 20 \cdot \log \frac{\text{Verstärkerausgangsspannung}}{\text{Verstärkereingangsspannung}} \text{ dB} =$$

$$= 10 \cdot \log \frac{\text{Verstärkerausgangsleistung}}{\text{Verstärkereingangsleistung}} \text{ dB} .$$

Dabei gelten wieder die bereits in Abb. 3 hinsichtlich der Wellen- bzw. Abschlußwiderständen gemachten Voraussetzungen (das ganze System ist auf 600 Ohm abgestimmt).

Bemerkung: Mit dem gleichen Buchstaben s wird, wie bereits erwähnt, auch die Länge eines Spulenfeldes bezeichnet, doch dürften sich daraus kaum Verwechslungen ergeben.

Wichtig ist die richtige Einregelung der Verstärker einer Vierdrahtstrecke; dazu dient, wie in Abb. 6 angedeutet, die „Pegelmessung", welche unter Zugrundelegung eines „Pegeldiagramms" durchgeführt wird.

Analog, wie in Abb. 3 dargestellt, liegt am Leitungseingang ein Tonfrequenzgenerator mit einem inneren Widerstand von 600 Ohm, er drückt den Eingangsklemmen die „Normalspannung" von 0,775 Volt (entsprechend einer Eingangsleistung von 1 Milliwatt) auf. Diese Spannung bzw. diese Eingangsleistung charakterisieren den Nullpunkt der „absoluten Pegelskala", welche als Spannungsmaßstab für das in Abb. 6 (unten) gezeichnete Pegeldiagramm dient. Für die an den Eingang anschließende Zweidrahtstrecke wird im vorliegenden Diagramm eine Dämpfung von 0,6 Np angenommen, was einer Absenkung des absoluten Pegels von 0 auf – 0,6 Npm entspricht. Zur Kennzeichnung, daß es sich hier um die Festlegung eines absoluten Pegels handelt, wird der Abkürzung Np (Neper) ein „m" hinzugefügt, so daß die Bezeichnung Npm entsteht. Würde das Diagramm im Dezibel-System erstellt werden, so würde die abkürzende Bezeichnung „dB" auf „dBm" erweitert werden, im vorliegenden Beispiel würde sich am Ende der Zweidrahtstrecke ein absoluter Pegel von – 5,21 dBm ergeben.

Die Gabelschaltung verursacht eine weitere Dämpfung von 0,5 Np, so daß der absolute Pegel auf – 1,1 Npm absinkt, der folgende Sendeverstärker bringt eine Verstärkung von 1,6 Np, so daß an seinem Ausgang ein Abgangspegel von + 0,5 Npm entsteht. Anschließend dämpft das erste Verstärkerfeld mit 2,7 Np entsprechend einer Pegelabsenkung auf – 2,2 Npm usw., bis zum Leitungsende mit einem absoluten Pegel von – 0,6 Npm (entsprechend einer Leitungsrestdämpfung von 0,6 Neper).

Wie bereits aus Abb. 4 ersichtlich, ist die Kabeldämpfung frequenzabhängig (mit steigender Frequenz ebenfalls steigend), außerdem besteht noch – entsprechend dem Wechsel der Jahreszeiten – eine Abhängigkeit von der Bodentemperatur.

Zum Ausgleich dafür sind in den einzelnen Verstärkungspunkten Verstärkungsregler und Dämpfungsentzerrer vorgesehen, zudem am Leitungseingang Bandfilter, welche nur das Sprachband von 300 bis 3400 Hz durchlassen. Bei Inbetriebnahme einer Leitung erfolgt zunächst meist eine Pegeleinregelung bei der Frequenz von 800 Hz (allenfalls bei 1000 Hz), dann schließt sich die Einstellung der Entzerrer an mit dem Ziel, im ganzen übertragenen Frequenzband womöglich dieselbe Dämpfung zu erreichen wie bei 800 Hz. Exakt ist dies allerdings kaum möglich, daher sind entsprechende Toleranzen für die Güte einer derartigen Entzerrung festgelegt. Fernsprechkreise hoher Qualität, insbesonders gemietete Datenleitungen, sollen dem vom CCITT festgelegten, in Abb. 7 wiedergegebenen Schema entsprechen.

Ein kleines Zusatzdiagramm zeigt die Maximallänge von Ortskabeln, welche sich aufgrund dieser Toleranzgrenzen ergeben, bei ihrem Überschreiten müßten Entzerrer eingesetzt werden.

Reduziert man in Abb. 6 die Vierdrahtstrecke auf die Länge 0 (also Einsatz eines einzigen Verstärkers in jeder Richtung, es bleiben nur mehr die beiden Sendeverstärker übrig), so entsteht der „Zweidrahtverstärker", dessen Bedeutung allerdings stark im Abnehmen begriffen ist.

Für Pegelmessungen an Leitungssystemen, deren Wellenwiderstand Z von 600 Ohm abweicht, sei folgendes bemerkt: Am einfachsten liegt der Fall, wenn nur eine Abweichung der Phase nach vorliegt. Man sendet dann nicht eine Wirkleistung von 1 mWatt ein, sondern eine Scheinleistung von 1 „Millivoltamper" (Definitionsformel: Eingangsscheinleistung = Effektivwert der Eingangsspannung x Effektivwert des Eingangsstroms =

$$= U_a \cdot I_a = \frac{U_a^2}{|Z|} = |Z| \cdot I_a^2).$$

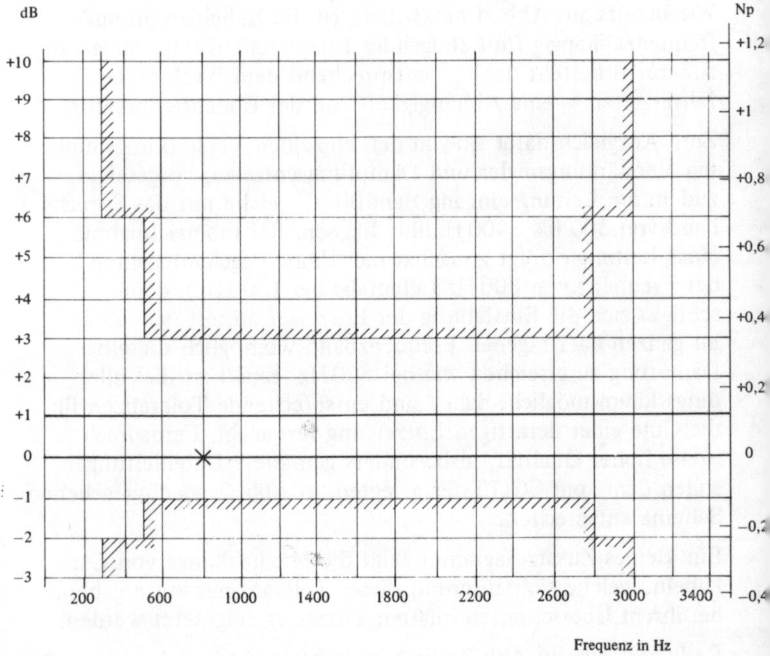

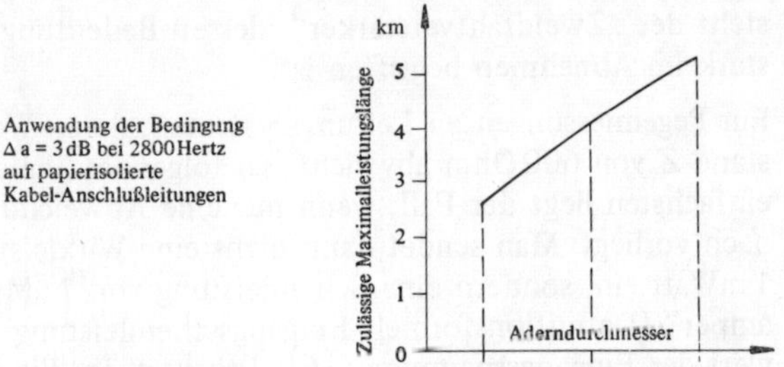

Abb. 7: Zulässige Abweichung der Dämpfung eines Fernsprechkreises hoher Qualität von der bei 800 Hertz eingemessenen Dämpfung

Wenn man „reflexionsfrei einsenden" will, so schaltet man dem niederohmigen Tonfrequenzgenerator, ein – am besten symmetrisch aufgebautes – Netzwerk, dessen komplexer Widerstand gleich Z ist, vor. Die Eingangsspannung kann im übrigen mit 0,775 Volt beibehalten werden. Weicht aber auch der Absolutwert von Z von 600 Ohm ab, so muß zwecks Aufrechterhaltung einer Eingangsscheinleistung von 1 mVoltamper die Eingangsspannung um den Faktor $\sqrt{\frac{|Z|}{600}}$ geändert werden $\left(U_a = 0{,}775 \text{ Volt} \sqrt{\frac{|Z|}{600}}\right)$. Verwendet man nun im Leitungszug Pegelmesser, deren Skalennullpunkt dem Spannungswert 0,775 Volt entspricht, so muß vom abgelesenen Pegelwert eine Korrektur abgezogen werden, die sich im Nepersystem mit $\ln \sqrt{\frac{|Z|}{600}} = \frac{1}{2} \cdot \ln \frac{|Z|}{600}$, im Dezibelsystem mit $10 \cdot \log \frac{|Z|}{600}$ ergibt.

Dämpfungspläne – sowohl für die internationale als auch für die nationale Netzstruktur – geben die Voraussetzung, daß zwischen zwei beliebigen Teilnehmern eine ausreichende Verständigung erzielt werden kann.

2.4 Phasenmaß und Laufzeit

In Abb. 3 ist als Beispiel eingetragen, daß eine Leitungseingangsspannung von 800 Hertz um 1,76 msec verspätet am Leitungsausgang in Erscheinung tritt – das Diagramm gilt für den „eingeschwungenen Zustand" – auf Einschwingungsvorgänge wird unter 3.3 zurückgekommen werden. Die in Abb. 3 angedeutete Frequenzänderung von 800 auf 808 Hertz sei zunächst vernachlässigt und angenommen, daß Leitungsende ebenfalls eine Frequenz von 800 Hertz auftritt. Die Dauer einer vollen Schwingung beträgt bei 800 Hertz: $^1/_{800} =$ $= 1{,}25$ msec, sie entspricht einer Phasenänderung von 360° – oder, wenn im Bogenmaß gerechnet wird – von 2π.

Der oben erwähnten zeitlichen Verschiebung von 1,76 msec ergibt daher eine Phasenverschiebung von:

$$360° \cdot \frac{1{,}76}{1{,}25} = 506{,}9° \quad \text{oder im Bogenmaß:}$$

$$2\pi \, \frac{1{,}76}{1{,}25} = 8{,}848\ .$$

Eine gewisse Unsicherheit bei der Bestimmung der Phasenverschiebung aufgrund von Abb. 3 besteht darin, daß auch andere „Nulldurchgänge mit nachfolgendem Spannungsanstieg" zugrunde gelegt werden könnten, doch sei angenommen, die Phasenverschiebung sei – z. B. unter Verwendung der weiter unten gebrachten Formeln – bereits näherungsweise bekannt.

Dividiert man nun die Phasenverschiebung durch die Leitungslänge, so ergibt sich die „Phasenkonstante" (Formelzeichen β).

Abb. 8 bringt eine Übersicht über den Frequenzgang der Phasenkonstanten wichtiger Leitungen. Um einen großen Frequenzbereich zu berücksichtigen, wird für Frequenzen über 5 kHertz ein engerer Maßstab gewählt, das Diagramm zerfällt dadurch in 2 Teile, die Skalen für die Phasenkonstanten gelten jedoch einheitlich für beide Diagrammhälften. Hinsichtlich des in Abb. 8 gebrachten Begriffes „Phantomkreis" sei auf den Abschnitt 2.5 verwiesen.

Wie bereits in Abb. 1 angedeutet, sind die eigentlichen Nachrichtenträger Frequenzgemische (Schwingungsgruppen); ihr Verhalten ist für die Berechnung der Geschwindigkeit einer Signalübertragung von Bedeutung. Die einfachste Gruppenbildung entsteht durch die Summierung zweier sinusförmiger Spannungen fast gleicher Frequenz und gleicher Amplitude, wie in Abb. 9 dargestellt.

Unter Berücksichtigung der in diesem Beispiel gewählten Phasenlagen ergeben sich für diese beiden Spannungen bzw. für ihre Summe folgende Gleichungen:

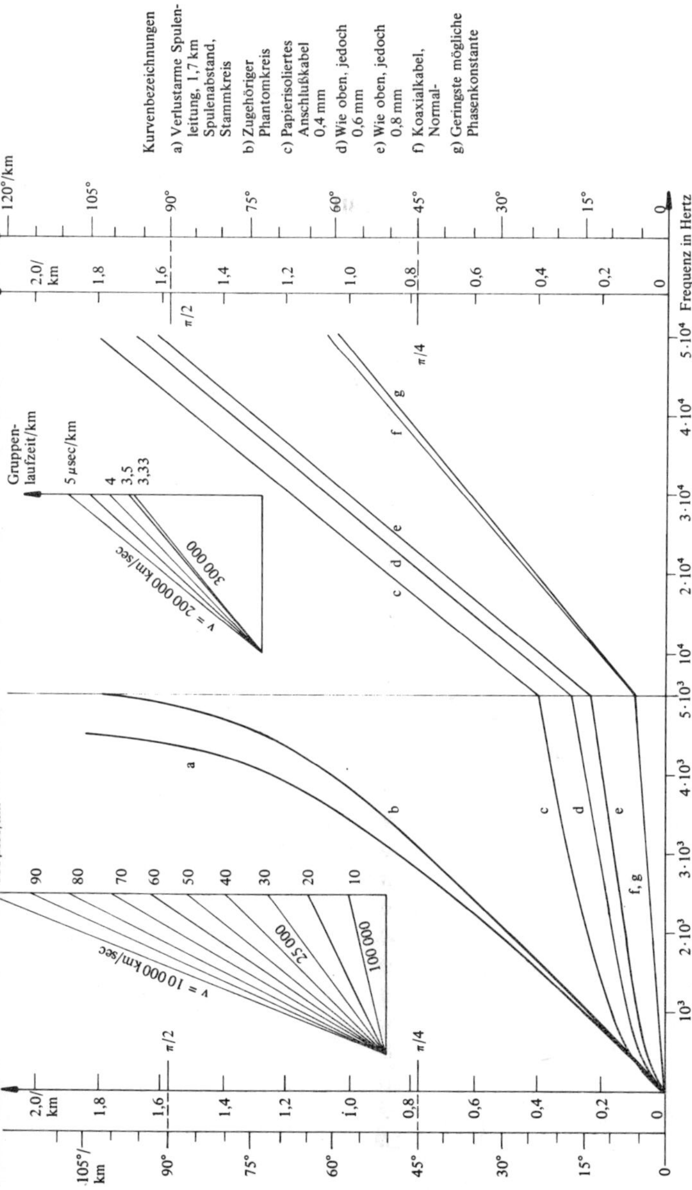

Abb. 8: Die Phasenkonstante der wichtigsten Leitungsarten

$$u_1 = \hat{U} \sin\left(\omega_1 t + \frac{\pi}{2}\right) \qquad u_2 = \hat{U} \cdot \sin\left(\omega_2 t - \frac{\pi}{2}\right)$$

$$u_1 + u_2 = \hat{U}\left[\sin\left(\omega_1 t + \frac{\pi}{2}\right) + \sin\left(\omega_2 t - \frac{\pi}{2}\right)\right].$$

Oder unter Verwendung der bekannten Additionsformel für 2 Sinusschwingungen:

$$= 2\hat{U} \cos\left(\frac{\omega_1 - \omega_2}{2} + \frac{\pi}{2}\right) \cdot \sin \frac{\omega_1 + \omega_2}{2} t =$$

$$= -2\hat{U} \sin \frac{\omega_1 - \omega_2}{2} t \cdot \sin \frac{\omega_1 + \omega_2}{2} t .$$

Diese Gleichung entspricht der in Abb. 9 gezeichneten Summenkurve. Sie kann als eine Schwingung mit der Kreisfrequenz $\frac{\omega_1 + \omega_2}{2}$ bzw. mit der Frequenz $\frac{f_1 + f_2}{2}$ aufgefaßt werden, deren Amplitude entsprechend der Beziehung

$2\hat{U} \cdot \sin \frac{\omega_1 - \omega_2}{2} t$ langsam schwankt.

(Sogenannte „Schwebung“ oder „Fischbauch“.)

Es soll nun die Fortpflanzungsgeschwindigkeit eines derartigen Fischbauches längs einer Leitung bestimmt werden.

Die in Abb. 9 gezeichneten Spannungszustände mögen für den Leitungsanfang gelten. In einer „beliebig kleinen“ Entfernung davon (dl) wird die erste Sinusspannung etwas verzögert in Erscheinung treten und zwar mit einer Phasenverschiebung von $-\beta_1$ dl gegenüber der Spannung am Leitungsanfang. Die analoge Überlegung gilt für die zweite Spannung, ihre Phasenverschiebung ist β_2 dl. Es ergeben sich daher in der Entfernung dl folgende Spannungszustände:

$$u_1 = \hat{U} \cdot \sin\left(\omega_1 t + \frac{\pi}{2} - \beta_1 \, dl\right),$$

$$u_2 = \hat{U} \cdot \sin\left(\omega_2 t - \frac{\pi}{2} - \beta_2 \, dl\right).$$

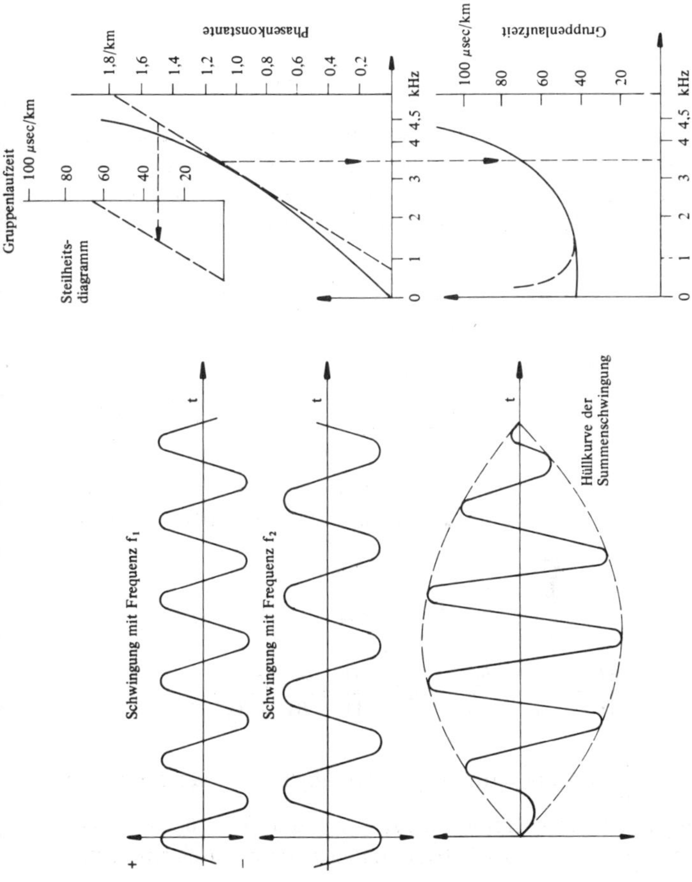

Abb. 9: Gruppenlaufzeit

Summiert man die beiden Spannungen analog wie oben, so folgt

$$- 2\,\hat{U} \cdot \sin\left[\frac{\omega_1 - \omega_2}{2}\,t - \frac{\beta_1 - \beta_2}{2}\,dl\right] \times$$

$$\times \sin\left[\frac{\omega_1 + \omega_2}{2}\,t - \frac{\beta_1 + \beta_2}{2}\,dl\right].$$

Die Nullstelle des Fischbauches, welche am Leitungsanfang zur Zeit $t = 0$ in Erscheinung tritt, trifft in der Entfernung dl nunmehr etwas später ein, dieser kann durch Nullsetzung der Amplitudenbedingung des Fischbauches ermittelt werden:

$$- 2\,\hat{U} \cdot \sin\left(\frac{\omega_1 - \omega_2}{2}\,t - \frac{\beta_1 - \beta_2}{2}\,dl\right) = 0\,.$$

Daraus folgt:

$$\frac{\omega_1 - \omega_2}{2}\,t - \frac{\beta_1 - \beta_2}{2}\,dl = 0 \qquad t = \frac{\beta_1 - \beta_2}{\omega_1 - \omega_2} \cdot dl$$

oder – weil diese Zeit – ähnlich wie dl als extrem klein anzusehen ist – kann dafür das Symbol eines Zeitdifferentials dt verwendet werden.

$$dt = \frac{\beta_1 - \beta_2}{\omega_1 - \omega_2}\,dl \quad \text{bzw.}$$

$$\frac{dt}{dl} = \frac{\beta_1 - \beta_2}{\omega_1 - \omega_2} \quad \text{und} \quad \frac{dl}{dt} = \frac{\omega_1 - \omega_2}{\beta_1 - \beta_2}\,.$$

Unter $\frac{dl}{dt}$ wird die Gruppengeschwindigkeit v_G verstanden, läßt man ferner die Differenzen $\omega_1 - \omega_2$ und $\beta_1 - \beta_2$ beliebig klein werden, also zu Differentialen zusammenschrumpfen, so folgt:

$$v_G = \frac{d\omega}{d\beta} = 2\pi\,\frac{df}{d\beta}\,.$$

Der reziproke Wert der Gruppengeschwindigkeit ist die „Gruppenlaufzeit/km", sie beträgt: $\frac{d\beta}{d\omega}$ oder $\frac{1}{2\pi} \cdot \frac{d\beta}{df}$.

Abb. 9 (rechts) bringt eine graphische Auswertung dieser Formel: Für eine Spulenleitung mit der Grenzfrequenz $f_0 = 4500\,\text{Hz}$ ist rechts oben das Phasenmaß aufgetragen.

Es sei nun die Gruppenlaufzeit/km für 3400 Hz zu ermitteln. Man legt nun im Punkt „3400 Hz" an die Phasenkurve eine Tangente und führt mit ihr eine Parallelverschiebung in das „Steilheitsdiagramm" durch, in dem unmittelbar der gesuchte Wert von 62 μsec/km ablesbar ist. Die Gruppenlaufzeit – für das ganze Frequenzband ermittelt – ist in Abb. 9 unterhalb des Phasendiagramms dargestellt. Wird der Leitung noch ein Hochpaß (der z. B. nur Frequenzen über 250 Hz durchläßt) vorgeschaltet, so ergibt sich für die tiefen Frequenzen die gestrichelt angedeutete Anhebung der Laufzeitkurve. Ein derartiges Ansteigen der Laufzeitkurven in der Nähe der beiden „Eckfrequenzen" tritt fast bei allen Fernsprechkanälen auf. Auch in Abb. 8 sind entsprechend den obigen Ausführungen Steilheitsdiagramme aufgenommen; weil der Frequenzmaßstab nicht einheitlich ist, erscheinen 2 derartige Diagramme nötig, eines für die linke und eines für die rechte Seite. Zudem sind an einzelnen Strahlen der Steilheitsdiagramme die zugehörigen Gruppengeschwindigkeiten angeschrieben.

In Abb. 8 ist noch hervorzuheben, daß die Kurven e und f sich als Gerade, welche durch den Nullpunkt gehen, erweisen. Für sie gilt die einfache Beziehung: $\beta = k \cdot f$.

$k = \frac{\beta}{f}$ ist eine Konstante, die Formel für die Gruppengeschwindigkeit, angewandt auf den vorliegenden Fall, ergibt:

$$v_G = 2\pi \frac{df}{d\beta} = \frac{2\pi}{k} = \frac{2\pi f}{\beta} = \frac{\omega}{\beta}.$$

Den Ausdruck $\frac{\omega}{\beta} = \frac{2\pi f}{\beta}$ bezeichnet man auch als „Phasengeschwindigkeit v_p".

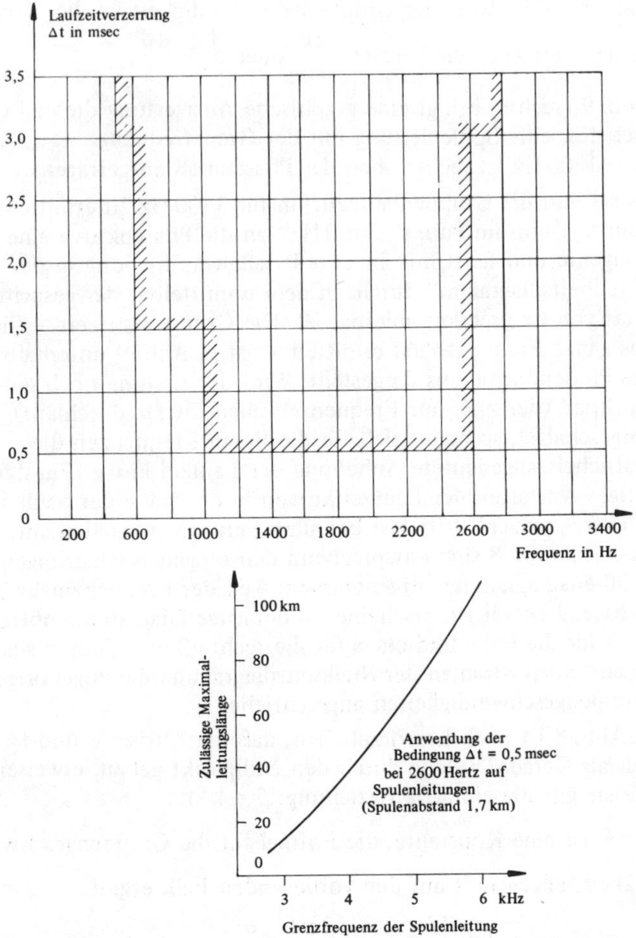

Abb. 10: Zulässige Abweichung der gesamten Gruppenlaufzeitverzerrung eines Fernsprechkreises hoher Qualität in Abhängigkeit von der Frequenz

Für Datenübertragungen auf hochwertigen Mietleitungen ist in Abb. 10 ein vom CCITT festgelegtes Toleranzdiagramm über zulässige Laufzeitverzerrungen wiedergegeben. Die Bedingungen sind weit strenger als die für gewöhnliche Sprachübertragung.

Ein kleines Zusatzdiagramm zeigt die praktische Auswirkung dieses Toleranzschemas auf bespulte Kabelleitungen (als Parameter wurde die Grenzfrequenz gewählt). Bei Überschreitung der dargestellten Maximallängen müßten „Phasenentzerrer", welche im gewöhnlichen Sprechbetrieb sehr selten benötigt werden, aber bei Datenübertragungen eine wichtige Rolle spielen, eingesetzt werden.

Formeln: – Über die Bedeutung von f und ω vgl. Abschnitt 2.1 – von $R' G' \cdot L' C'$ Abschnitt 2.2 – von α f_0 s L_s C_s Abschnitt 2.3 –.

Man führt γ als „Fortpflanzungskonstante" ein, es handelt sich um eine komplexe Größe, welche mit α bzw. β durch die Beziehung $\gamma = \alpha + j\beta$ verbunden ist.

Die folgende Formel gestattet für homogene Leitungen die Errechnung von γ aus den Leitungsbelägen:

$$\gamma = \sqrt{(R' + j\omega L') \cdot (G' + j\omega C')} \,.$$

Bei numerischer Auswertung stellte der reelle Teil die Leitungskonstante α in Neper/km, der imaginäre die Phasenkonstante β im Bogenmaß/km dar.

Da das Rechnen mit komplexen Zahlen vielfach als schleppend empfunden wird, werden häufig die folgenden Näherungsformeln verwendet:

Für $\omega L' \gg R'$ und $\omega C' \gg G'$ (verlustarme Leitungen oder Hochfrequenzleitungen):

$$\alpha = \frac{R'}{2}\sqrt{\frac{C'}{L'}} + \frac{G'}{2}\sqrt{\frac{L'}{C'}}$$ in Neper/km

$$\beta = 2\pi f \cdot \sqrt{L'C'}$$ im Bogenmaß/km

Die Formeln gelten auch für Spulenleitungen, allerdings nicht in der Nähe der Grenzfrequenz, statt L' ist $L' + \frac{L_s}{s}$ zu setzen, G' kann vernachlässigt werden.

Für Spulenleitungen üblicher Ausführungsform (bis zur Grenzfrequenz gültig):

$$\alpha = \frac{R'}{2}\sqrt{\frac{C'}{L' + \frac{L_s}{s}} \cdot \frac{1}{\sqrt{1 - \left(\frac{f}{f_0}\right)^2}}}$$

$$\beta = \frac{2}{s} \cdot \text{arc sin} \frac{f}{f_0} .$$

Für unbespulte Kabelleitungen im Niederfrequenzband (Selbstinduktion und Ableitung vernachlässigbar klein)

$$\alpha \text{ (in Neper/km)} = \beta \text{ (im Bogenmaß/km)} =$$

$$= \sqrt{\pi \cdot f \cdot R' \cdot C'} = \sqrt{\frac{\omega \cdot R' \cdot C'}{2}} .$$

Koaxialkabel, etwa im Bereich von 10^5 bis 10^7 Hertz (bei Verhältnis von Durchmesser des Außenleiters zum Durchmesser des Innenleiters 3,6 : 1):

$$\alpha = \frac{2 \cdot 56 \cdot 10^{-3}}{D} \sqrt{f} \quad \text{Neper/km} \qquad D = \text{Außendurchmesser in mm}$$

Wenn Frequenz in Megahertz ausgedrückt wird:

$$\alpha = \frac{2 \cdot 56}{D} \cdot \sqrt{f} \qquad \text{Neper/km}$$

$$\alpha = \frac{22 \cdot 2}{D} \cdot \sqrt{f} \qquad \text{Dezibel/km}$$

$$\beta = \frac{2\pi \cdot f}{287\,000} = \frac{f}{45\,600} \quad \text{im Bogenmaß/km} \quad f \text{ in Hertz}$$

Gruppengeschwindigkeit $v_G = 287\,000$ km/sec.

2.5 Die Mehrfachausnützung von Leitungen

Da Leitungen größerer Länge kostspielig sind, ist das Bestreben, sie mehrfach auszunützen, sehr alt.

Eine einfache Schaltung hierfür ist die Vierer- oder Phantombildung (Abb. 11): Zwei Doppelleitungen (Stämme genannt) werden mit Übertragern abgeschlossen, an den leitungsseitigen Mittelpunkten dieser Übertrager wird ein 3ter Stromweg (Vierer- oder Phantomkreis) angeschlossen. Die im Phantomkreis fließenden Ströme teilen sich in den Übertragern in zwei gleiche Teile entgegengesetzter Magnetisierungswirkung, so daß in ihnen kein Magnetfeld entsteht und in den Stammkreisen keine Fremdspannung auftritt.

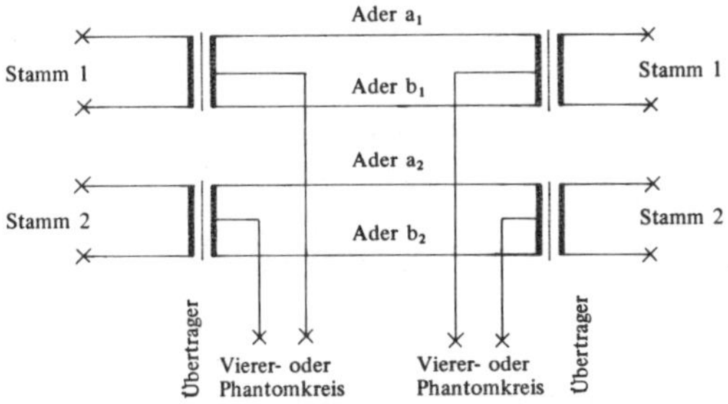

Abb. 11: Viererbildung

Um diese Aufteilung in zwei genau gleiche Teilströme zu erreichen, muß allerdings das ganze Leitungssystem sorgfältig abgeglichen werden. Außerdem sind die Stammkreise infolge der Einschaltung von Übertragern nicht mehr gleichstromdurchlässig, so daß im Fernsprechwählbetrieb das einfache Wählen mit Gleichstromimpulsen und die Speisung der Teilnehmermikrophone durch das Amt nicht mehr möglich sind.

Wesentlich ergiebiger ist die Leitungsmehrfachausnützung mittels Trägerstromsysteme. Grundsätzlich wird dabei eine sehr große Anzahl von Sprechkanälen, welche im Niederfrequenzbereich 0,3 bis 3,4 kHz anfallen, in höhere Frequenzbereiche verschoben, derart, daß jedem Sprechkanal ein eigenes schmales Hochfrequenzband von 4 kHz Breite zur Verfügung steht. Alle Sprechkanäle werden so gemeinsam auf eine, für Hochfrequenzbetrieb geeignete Leitung (oft Grundleitung genannt) gelegt, unterliegen dort gemeinsam der Leitungsdämpfung bzw. Verzerrung, sie werden dann in regelmäßigen Abständen gemeinsam wieder verstärkt bzw. entzerrt. Am Ende der Hochfrequenzstrecke wird jeder Kanal wieder in die Frequenzlage von 0,3 bis 3,4 kHz rückverlegt.

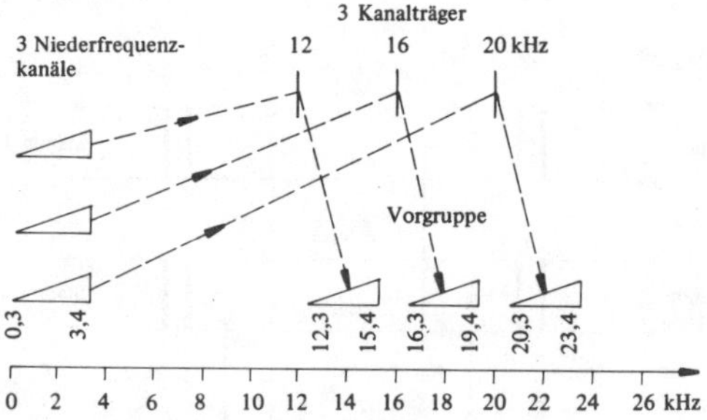

Abb. 12: Trägerfrequenztechnik (Prinzip)
Beispiel: Bildung einer Vorgruppe aus 3 Niederfrequenzkanälen

Abb. 12 zeigt ein Prinzipschema einer derartigen Frequenzverschiebung: Es fallen 3 Niederfrequenzkanäle an, der erste wird mit 12 kHz „geträgert“ und kommt so in den Bereich von 12,3 bis 15,4 kHz, der zweite durch eine Trägerung mit 16 kHz in einen Bereich von 16,3 bis 19,4 kHz, der dritte (Trägerung 20 kHz) kommt in den Bereich 20,3 bis 23,4 kHz. Die so entstandene, drei Kanäle beinhaltende „Vorgruppe“ (Frequenzbereich 12–24 kHz) könnte theoretisch bereits auf eine Hochfrequenzleitung gelegt werden, in Praxis sieht man vielmehr jetzt eine ganze Vorgruppe als Einheit an und unterwirft sie – gleichzeitig mit 3 anderen Vorgruppen einer neuerlichen Trägerung, so daß ein hochfrequentes System für 12 Sprechkanäle entsteht, welches Primärgruppe heißt. Man kann nun bereits für mittlere Entfernungen damit auf eine hochfrequente Grundleitung gehen oder 5 Primärgruppen durch neuerliche Trägerungen zu einer aus 60 Kanälen bestehenden Sekundärgruppe zusammenfassen. Auch das Aufschalten einer Sekundärgruppe auf eine Grundleitung kommt in Praxis vor, aber auch die Zusammenfassung von insgesamt 5 Sekundärgruppen zu einer Ternärgruppe (300 Sprechkanäle) oder 16 Sekundärgruppen zu einem 960-Kanalsystem ist gebräuchlich. Durch analoge weitere Gruppenbildungen sind Systeme mit 2700 bzw. 10 800 Sprechkanäle möglich. Systeme von 300 Kanälen aufwärts werden meist auf Koaxialkabeln geführt. Auf Einzelheiten der trägerfrequenten Fernsprechtechnik kann hier nicht eingegangen werden, wichtig für die Datenübertragung ist der Umstand, daß bei jeder Gruppenumsetzung elektrische Bandfilter nötig sind. Um nicht Frequenzbreite zu vergeuden, sind diese Filter meist sehr „steil“, was erhebliche Phasenverzerrungen verursacht. Fernsprechkanäle, welche in der unmittelbaren Nachbarschaft derartiger steiler Filter liegen, sind für Datenübertragungen weniger geeignet. Über Trägerungen für Zwecke der Datenübertragung vgl. Abschnitt 3.3.

Die Trägerstromtechnik erlaubt es ferner „Breitbandleitungen“ zu bilden, welche für sehr schnelle Datenübertragungen (etwa als Mietleitungen) wichtig werden können. Die Fernmeldeordnung (BRD) sieht folgende Bandbreiten vor: 10 KHz, 48 KHz, 240 KHz und 5 MHz.

Als „Grundleitungen“ können auch „Richtfunkstrecken“ verwendet werden, welche im Gigahertzbereich (10^9 Hz) arbeiten. Hier pflanzen sich die elektromagnetischen Wellen – ähnlich dem Licht – geradlinig fort. In terrestrischen Richtfunkstrecken werden Verstärkerstationen im Abstand von rund 50 km eingesetzt. Eine wichtige Weiterentwicklung der Richtfunktechnik ist der Betrieb über Fernmeldesatelliten. Bei einer Flughöhe von 35 620 km beträgt die Umlaufzeit eines sogenannten „synchronen Satelliten“ genau 24 Stunden, er steht scheinbar still und kann von verschiedenen terrestischen Punkten mit großen Parabolantennen (Durchmesser etwa 25 m) anvisiert werden. Die Überbrückung von 35 620 km Verstärkerabstand bringt zahlreiche Sonderprobleme. Für die Datenübertragung ist die lange Laufzeit von rund 240 msec ungünstig.

Als „Grundleitung“ für hochfrequente Nachrichtenübertragungen kommen ferner Hohlleiter und optische Glasfasern in Frage. Die entsprechende Technik ist für größere Entfernungen derzeit erst im Entwicklungsstadium.

In letzter Zeit entstand in Form der Puls-Code-Modulations-Technik (PCM) eine neue Art der Mehrfachausnützung von Grundleitungen; die damit gewonnenen Kanäle dürften für die Datenübertragung besonders interessant werden. Näheres unter Abschnitt 3.5.

2.6 Rückflüsse (Reflexionen)

Es erscheint nahezu selbstverständlich, daß die elektrischen Nachrichtensignale vom Sendepunkt zum Empfangspunkt fließen sollen. Leider liegen aber in vielen Übertragungswegen Punkte, an denen sich die Signalenergie teilt, der eine Teil läuft – wie gewünscht in der Richtung zum Empfänger weiter, der andere aber dreht seine Richtung um und kehrt zum Sender zurück, was für Datenübertragungen meist sehr ungünstig ist. Abb. 13 zeigt einige typische Fälle (oben): An eine Leitung mit dem Wellenwiderstand Z_1 wird eine zweite mit dem Wellenwiderstand Z_2 angeschlossen, so daß eine Stoßstelle entsteht. Ein Teil der dort vom Sender ankommenden Spannung U wird dort zurückgeworfen, für die Spannung, welche diese rückfließende (oder reflektierte) Welle am Stoßpunkt besitzt, gilt die Gleichung:

$$U_r = U \left| \frac{Z_1 - Z_2}{Z_1 + Z_2} \right| .$$

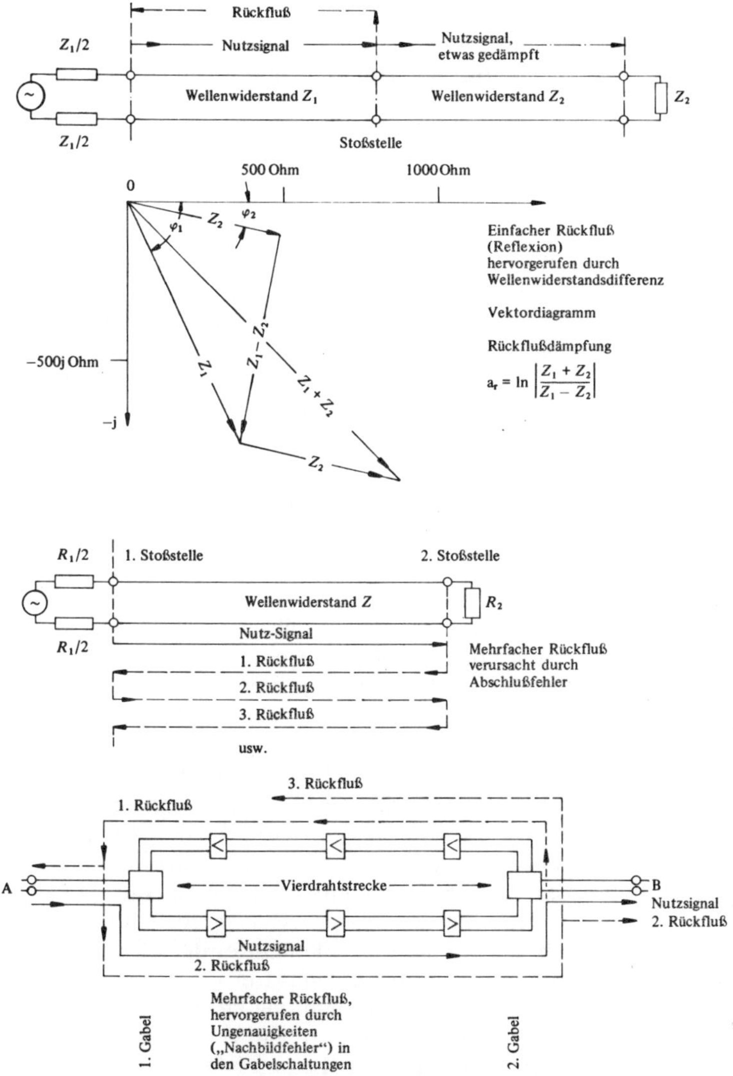

Abb. 13: Der Rückfluß

Der natürliche Logarithmus des Verhältnisses dieser beiden Spannungen heißt Rückflußdämpfung und ist durch folgende Gleichung definiert:

$$a_r = \ln \frac{U}{U_r} = \ln \left| \frac{Z_1 + Z_2}{Z_1 - Z_2} \right| \quad \text{(Neper)} .$$

Dabei sind etwaige Phasenwinkel von Z_1 bzw. Z_2 zu berücksichtigen, die Wellenwiderstände müssen dann als Vektoren angesehen werden. Die Summen- bzw. Differenzbildung kann in einem, in Abb. 13 angedeuteten Vektordiagramm erfolgen (vgl. aus Ausführung im Abschnitt 2.2). Die Besonderheit, daß die imaginären Anteile von Leitungswellenwiderständen meist negativ sind, wurde dabei berücksichtigt.

Häufig ist ferner der Fall, daß eine homogene Leitung an ihren Enden nicht mit ihrem Wellenwiderstand (reflexionsfrei) abgeschlossen wird, sondern mit anderen Widerständen R_1 bzw. R_2. Dann wird – gemäß der obigen Gleichung – am Empfangspunkt eine elektrische Welle zurückgeworfen – diese läuft, der normalen Leitungsdämpfung unterworfen – wieder zum Sendepunkt zurück, wird dort neuerdings teilweise reflektiert usw. Besonders kritisch können Rückflüsse, ausgelöst durch Gabelschaltungen, werden (Abb. 13 unten). Eine „ideale Gabel" soll derart beschaffen sein, daß sie die von der Vierdrahtstrecke kommende Signalenergie zwar etwas dämpft, aber nur in der Richtung zur Zweidrahtstrecke weiterleitet. In die in die Gegenrichtung führende Verstärkerkette soll dagegen keine Signalenergie eintreten. Dies wird für den ganzen Frequenzbereich gefordert. Eine Erfüllung dieser Forderung ist allerdings praktisch unmöglich, in jeder Gabel entsteht ein – in Abb. 13 angedeuteter – Rückfluß zur Gegengabel, hier entsteht ein neuerlicher Rückfluß usw. In der Praxis kommt es darauf an, daß diese Rückflüsse nur möglichst gedämpft in Erscheinung treten. Ist an den Gabeln die Rückflußdämpfung klein, so kreist die Energie in der Vierdrahtstrecke, es treten Verzerrungen, ja bisweilen regelrechte Schwingungen (Leitungspfeifen) auf. Die Hintereinanderschaltung mehrerer „schwingungsfähigen Strekken" verstärkt die Pfeifneigung, CCITT empfiehlt daher höchstens 5 derartiger Strecken hintereinander zu schalten. Meist werden daher in den Durchgangsämtern Vierdrahtstrecken direkt im Vierdrahtteil (also unter Abschaltung der Gabeln) miteinander verbunden. Weisen die beteiligten Vierdrahtstrekken so hohe Gruppenlaufzeiten auf, daß die Zeitintervalle zwischen Nutzsignal und Rückflüssen sinnlich wahrnehmbar werden, spricht man von „Echoerscheinungen".

Die Rückflüsse wirken bei Datenübertragungen häufig wie Fremdstörungen.

2.7 Zusätzliche Verformungen kontinuierlicher Sinusschwingungen durch den Übertragungsweg

Außer Amplituden- und Phasenverzerrungen sowie Echos erleidet eine an einen Übertragungsweg angeschlossene sinusförmige Spannung noch eine Reihe anderer Verformungen, welche wohl gewöhnliche Ferngespräche kaum stören, sich aber bei Datenübertragungen hoher Geschwindigkeit bemerkbar machen; die wichtigsten sind, wie bereits in Abb. 3 – allerdings in mancher Hinsicht etwas übertrieben – angedeutet:

1. Amplitudenschwankungen, welche bis zu kurzzeitigen Unterbrechungen ausarten können (Ursachen: Mechanische Kontaktverschlechterungen durch Erschütterungen in den Wählzentralen, Schwankungen in den Gleichstrom- und Trägerstromversorgungsanlagen).

2. Dauernde Frequenzverschiebungen (Ursache: Kleine Ungenauigkeiten in den Trägerstromfrequenzen verschiedener Ämter).

3. Frequenz- und Phasenschwankungen – hierfür hat sich der Fremdausdruck „Jitterstörungen" eingeführt – (Ursache: Schwankungen in den Trägerstromversorgungen; auch in der neuen PCM-Technik dürften in Systemen besonders hoher Kanalzahl derartige Störungen nicht vermeidbar werden).

4. Nichtlineare Verzerrungen: Abflachung von Sinuskurven im Bereich der Maxima (kann auch als Auftreten höherer Oberwellen aufgefaßt werden). Summen- und Differenzbildungen der Frequenzen von Sinusschwingungen, welche gleichzeitig in das System eingesendet werden, auch ihre Oberwellen können zu Summen- und Differenzbildungen Anlaß geben.

Genauere Studien dieser zusätzlichen Verformungen sind derzeit erst im Gang. Als Gegenmittel gilt für hochwertige Datenübertragungen die Mitübertragung von „Pilotfrequenzen“, welcher außerhalb des für die eigentliche Datenübertragung benützten Frequenzbandes liegen. An ihnen machen sich auch kurzzeitige Änderungen der Eigenschaften der Übertragungsstrecke bemerkbar, durch sie können automatische Regelvorgänge gesteuert werden. Offen ist noch die Frage, ob ein Pilot genügt oder ob zwei (an beiden Seiten des Datenbandes) zu verwenden sind.

2.8 Störungen durch Fremdfelder

Abb. 14 veranschaulicht einige wichtige Störungsfälle durch Fremdfelder. Hochspannungsanlagen, insbesonders wenn sie im Normalbetrieb oder beim Auftreten von Fehlern starke Stromrückschlüsse über Erde aufweisen, ergeben einerseits erhebliche Potentialdifferenzen im Erdreich, andererseits auch weitausgedehnte Magnetfelder. Diese induzieren – trotz einer gewissen Schirmwirkung von metallischen Kabelmänteln – in den Nachrichtenleitern erhebliche Spannungen/Erde. Bei verdrillten Doppelleitungen sind zwar in der Regel diese induzierten Spannungen in beiden Adern gleich, doch wirken sie sich Unsymmetrien – z.B. in den Leitungsabschlüssen – sehr ungünstig aus. Adernpaare für besonders empfindliche Nachrichtensysteme können, wie es Abb. 14 andeutet, durch zusätzliche Schirme geschützt werden. In die Tuben von Koaxialkabel dringen die Störfelder ebenfalls ein und machen sich dort, da der Leiteraufbau unsymmetrisch gegen Erde ist, noch unangenehmer bemerkbar. Allerdings wirkt dabei der Außenleiter etwas abschirmend (absolut schützend aber erst bei hohen

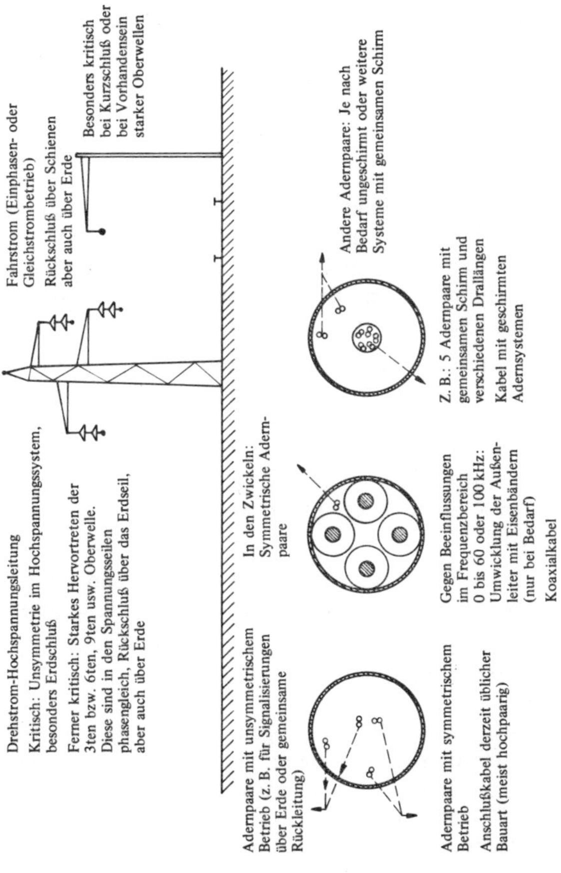

Abb. 14: Beeinflussungen in der Kabelstrecke durch Starkstrom und durch fremde Nachrichtenbetriebe

Frequenzen über 60 bis 100 kHz). Seine Schirmwirkung kann durch Eisenbänder, welche über die Tube gewickelt werden, verbessert werden.

Auch untereinander könnten sich die Nachrichtensysteme stören, bleibt dabei das störende Signal im gestörten System verständlich, so nennt man dies „Nebensprechen“.

Nebensprechen tritt z. B. zwischen den einzelnen Tuben eines Koaxialkabels im Frequenzbereich unter 60 kHz auf, weshalb (neben anderen Gründen) diese Frequenzen meist unausgenützt bleiben. Zwischen symmetrischen Kabeladernpaaren tritt Nebensprechen auf, wenn keine gute Symmetrierung vorhanden ist (z. B. Widerstandsunterschiede) oder gleicher Drall benachbarter Leitungen. Ganz läßt sich Nebensprechen nie vermeiden. Als Gütemaßstab gilt hier die „Nebensprechdämpfung“.

Besonders kritisch erweisen sich oft Leitungen mit bewußt unsymmetrischer Beschaltung (z. B. Fernsprechwählleitungen, bei denen die Wählimpulse nur auf einer Ader – mit Rückführung über Erde – gegeben werden, Nebenstellenanlagen mit Rückfrageeinrichtungen oder Gleichstromtastenwahl), die entstehenden Störfelder gehen oft quer durch das ganze Fernmeldekabel.

Benachbarte Fernmeldekabel – besonders wenn sie Metallmäntel besitzen – beeinflussen sich gegenseitig kaum.

Zwei, für Datenübertragungen besonders wichtige Störungsursachen liegen in älteren Wählzentralen:

1. Die aufgebauten Verbindungen laufen über zahlreiche Kontakte, häufig bestehen diese aus unedlem Metall. Der Übergangswiderstand dieser Kontakte ändert sich unter dem Einfluß mechanischer Erschütterungen (z. B. Einstellvorgänge von Nachbarwählern).

2. Die Kopplungsverhältnisse zwischen benachbarten Fernmeldekreisen sind oft sehr ungünstig.

Dazu kommt, daß die Störungen meist büschelförmigen Charakter aufweisen, das heißt: Fällt eine Störung ein, so ist die Wahrscheinlichkeit, daß sofort mehrere weitere Störungen folgen, sehr hoch; es entstehen dadurch im Datenfluß sogenannte

„Mehrfachfehler". Durch den Einsatz moderner Wählzentralen kann diese sehr wichtige und unangenehme Störungsform zurückgedrängt werden.

Abb. 15 bringt einige Verminderungsmöglichkeiten von Störwirkungen. Die beste vorbeugende Maßnahme ist die möglichste räumliche Trennung empfindlicher Übertragungssysteme von starken Störern (z. B. Führung in getrennten Kabeln). Ist dies aus wirtschaftlichen oder technischen Gründen unmöglich, kommen folgende Maßnahmen in Betracht:

1. *Verbesserung der Symmetrieverhältnisse:*

Wie bereits erwähnt, kommen Unsymmetrien im praktischen Betrieb immer wieder vor. Abb. 15 (oben) veranschaulicht ihre Wirkung: In verdrillten Doppeladern wird zwar in der Regel die gleiche Störspannung gegen Erde induziert, aber unsymmetrische Leitungsabschlüsse (z. B. mit verschiedenen Kapazitäten gegen Erde) ergeben einen ungleichen Strombelag in den beiden Adern, dadurch wird zwischen den beiden Adern eine störende Spannungsdifferenz hervorgerufen. Ferner bringt Abb. 15 eine einfache Schaltung zur Symmetrieprüfung von Leitungsabschlüssen: Ein Tongenerator (seine Spannung ist durch Umlegen des Voltmeterumschalters nach rechts meßbar) simuliert die Störspannung/Erde, die am Widerstand R_a erscheinende Spannung kann durch Umlegen des Schalters nach links festgestellt werden. Es kann nun versucht werden, durch eine Zusatzkapazität (C_z) eine möglichst gute Erdsymmetrie zu erreichen. In komplizierten Fällen können allerdings die Erdkopplungen nicht mehr rein kapazitiver Natur sein, zum Symmetrieausgleich sind dann ganze Netzwerke erforderlich. Praktisch undurchführbar wird die Methode, wenn R_a im Betrieb variabel ist (krasser Fall: Anschluß der beeinflußten Leitung an eine Wählzentrale, wodurch sich eine riesige Zahl von Schaltkombinationen ergibt). In derartigen Fällen ist der Abschluß der beeinflußten Leitung durch Übertrager ein ausgezeichnetes Hilfsmittel, allerdings geht dabei ihre Gleichstromdurchlässigkeit verloren.

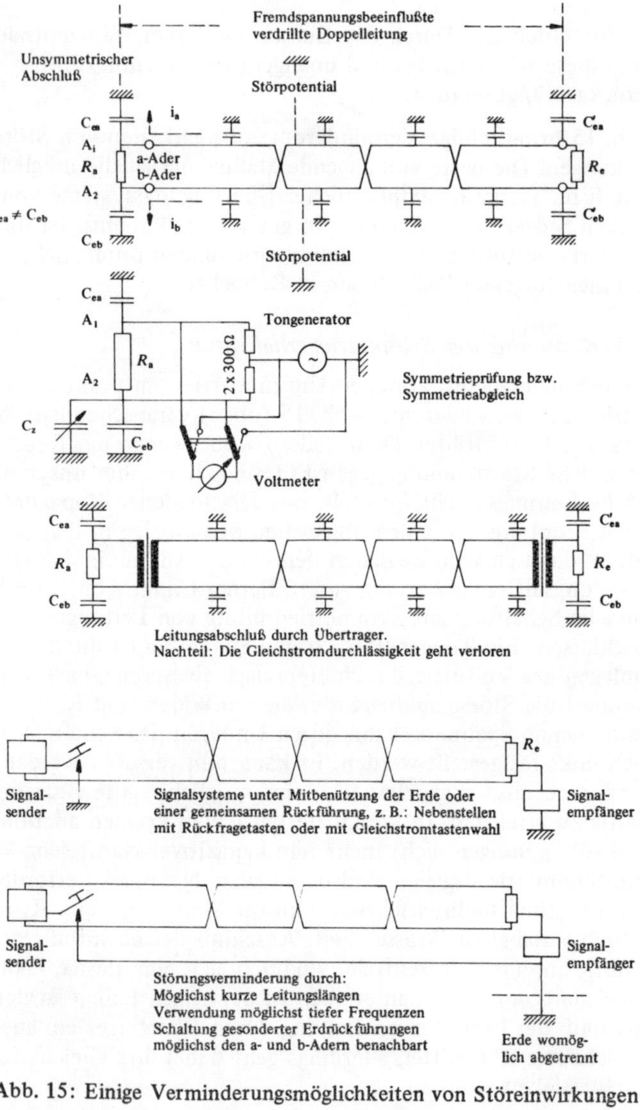

Abb. 15: Einige Verminderungsmöglichkeiten von Störeinwirkungen

2. *Erdrückführungen:*

Wie bereits erwähnt, können Nachrichtensysteme, welche absichtlich „unsymmetrisch über Erde“ arbeiten, stark störend wirken, aber auch sie selbst können beispielsweise durch sehr kräftige Starkstromfelder gestört werden. In solchen Fällen kommt die „Rückführung der Erde“ mittels einer eigenen Kabelader, welche den a- und b-Adern des störenden Systems möglichst benachbart zu schalten ist, in Frage. Auch kann unter Umständen ein „erdfreies“ Arbeiten des bisher störenden Systems erreicht werden.

3. *Schirmungen:*

Es kann versucht werden, mittels geerdeter Reserveadern im Kabel zwischen störenden und gestörten Systemen einen Schirm zu errichten. Bei Neubestellung eines Kabels können nötigenfalls derartige Schirme von Haus aus mit eingebaut werden.

Trotz aller Bemühungen, Störquellen zu eliminieren, bleibt eine Störquelle immer bestehen, das thermische Rauschen.

Die zugehörige Formel lautet: $N = k \cdot T \cdot \Delta t$

N . . . die Rauschleistung

$k = 1{,}38 \cdot 10^{-23}$ Wattsekunden: pro Grad Kelvin . . . die Boltzmannkonstante

Δf . . . die Bandbreite in Hertz

T . . . die absolute Temperatur in Kelvingraden.

Für Zimmertemperatur (T = 290 Grad Kelvin) geht die Formel über in:

$$N = 4 \cdot 10^{-21} \cdot \Delta f\,.$$

In Praxis werden die thermischen Rauschleistungen meist durch andere Störer übertönt. Bei Empfängern im Satellitenbetrieb spielt jedoch das thermische Rauschen eine wichtige Rolle, hier wird der Eingang des Empfangsverstärkers durch flüssiges Helium gekühlt. (Herabsetzung von T in der obigen Formel.)

Um die Bedeutung von Störproblemen für die Datenübertragung zu unterstreichen, sei – auch als Überleitung zur Digitaltechnik – die Shannon-Formel über die Kanalkapazität gebracht:

$$C = \Delta f \cdot \log_2 \left(1 + \frac{P}{N}\right) \quad \text{(in bit/sec)}$$

Dabei bedeuten: C die Kanalkapazität
Δf die für die Datenübertragung benützte Bandbreite
P die Leistung des Nutzsignals
N die Leistung aller Störer (also Fremdspannungen und Störungen durch das eigene System, z. B. Rückflüsse)
$\log_2$ der Logarithmus zur Basis 2

Allerdings ist dabei unter „N" eine Störleistung gemeint, deren Struktur einem Rauschen entspricht. Die in der Fernmeldetechnik häufigen Störleistungen haben eine weit ungünstigere Struktur. Die Formel stellt eine „Grenzwertbestimmung" dar, die mittels ihr errechenbaren Kanalkapazitäten werden in Praxis nicht erreicht.

3. Der Datenkanal

3.1 Grundbegriffe der Digitalübertragung

Abb. 16 soll an Hand eines praktischen Beispiels in die wichtigsten Grundlagen der Datenfernverarbeitung veranschaulichen:

Eine Datenendstelle (z. B. Schaltermaschine bei einer Filiale eines Geldinstitutes) soll mit einer zentralen Abrechnungsstelle in Informationsaustausch treten. Mittels eines genormten, hinsichtlich der Betriebsbedingungen absichtlich einfach gehaltenen Leitungssystems den „Schnittstellenleitungen" (vgl. diesbezüglich auch Abschnitt 3.4) gelangen die Daten in die nahe gelegene „Datenübertragungseinrichtung", deren Hauptaufgabe

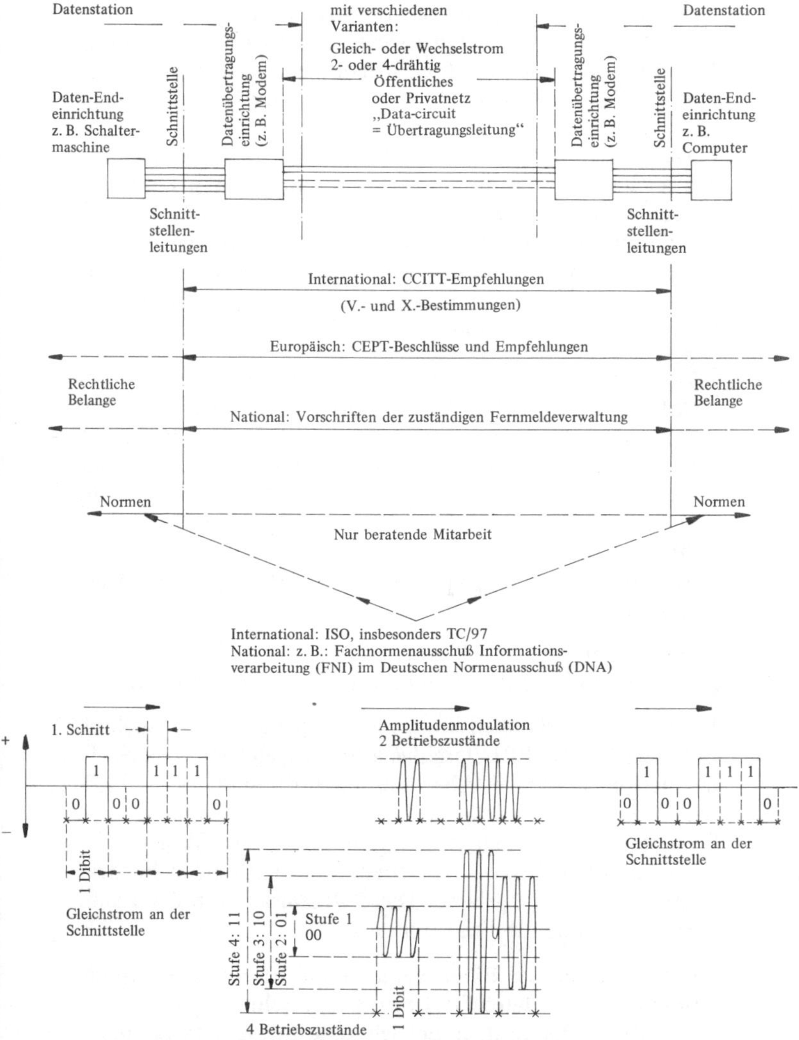

Abb. 16: Daten-Übertragung und Fernverarbeitung Prinzipschema über Organisation und Technik

es ist, die Daten in technisch richtiger Form in die Fernstrecke einzuleiten. Da für die Fernstrecke zahlreiche Übertragungsformen anwendbar sind (vgl. diesbezüglich Abschnitte 3.2, 3.3 und 3.5), muß darauf bei der Wahl der Datenübertragungseinrichtung Bedacht genommen werden. Nach Durchlaufen der Fernstrecke auf der – wie in Abb. 16 nicht eingetragen – noch zahlreiche Informationsumsetzungen vorkommen können – gelangen die Daten zur ferner Datenstation und zwar zunächst wieder zu einer Datenübertragungseinrichtung, hier werden sie in den genormten Schnittleitungsbetrieb überführt und gelangen über ein kurzes Schnittstellenkabel zur zweiten Datenendeinrichtung (z. B. Computer).

Es hat sich nun als außerordentlich notwendig erwiesen, die wichtigsten technischen Eigenschaften und Betriebsbedingungen derartige Systeme zu normen. Wie Abb. 16 andeutet, sind für die Strecke von Schnittstelle zu Schnittstelle hierfür auf internationaler Ebene die CCITT-Empfehlungen (hinsichtlich Abkürzungserklärung, vgl. Abschnitt 1.1), auf europäischer die CEPT-Beschlüsse und endlich auf nationaler Ebene die Vorschriften der zuständigen Fernmeldeverwaltung (z. B.: Deutsche Bundespost).

Die nationalen Fernmeldeverwaltungen sind allerdings an die zwischenstaatlichen Empfehlungen nicht starr gebunden.

Über die Schnittstellen hinaus greifen derzeit in Ausnahmefälle rechtliche CEPT-Beschlüsse und zugehörige Vorschriften auf nationaler Ebene. Aber hauptsächlich sind für die Enden der Übertragungsstrecke, insbesonders für die praktische Gestaltung der Fernübertragung die ISO-Empfehlungen (internationale Ebene) bzw. die Arbeiten der nationalen Fachnormenausschüsse maßgebend. Diese Organisationen üben außerdem eine beratende Funktion aus.

Der untere Teil des Bildes veranschaulicht einige technische Grundlagen der Datenübertragung: Im Schnittstellensystem ist Gleichstrom-Doppelstrombetrieb genormt, und zwar treten auf den Leitungen nur positive und negative Spannungen (im

Idealfall gleicher Höhe) auf, wobei einer positiven Spannung die Binärziffer 1, einer negativen die Null entspricht.

Wichtig ist der Begriff
„Schrittdauer“ (Formelzeichen T_s oder T_0), sie stellt die Zeiteinheit dar, welche dem Aufbau aller Zeichen zugrunde liegt. Im Normalfall soll die Dauer jedes auf einer Datenübertragungsleitung auftretenden Spannungszustandes entweder gleich dieser Zeiteinheit oder ein ganzzahliges Vielfaches davon sein. (Ausnahme: Der „Stopschritt“ im Telexbetrieb mit einer Dauer von 1,5 T_s).

Der reziproke Wert der Schrittdauer ist die „Schrittgeschwindigkeit“ (Formelzeichen v_s), ihre Einheit ist das „Baud“. Es gilt:

$$v_s = \frac{1}{T_s} \quad \text{(Schritte pro sec oder Baud)} .$$

In der Datenübertragung häufige Schrittgeschwindigkeiten: 50 Baud (Telex), 200 Baud (Datex), 200, 600, 1200 Baud (Datenübertragungen auf Fernsprechleitungen).

Da auf den Schnittstellenleitungen nur 2 Spannungszustände genormt sind, beträgt der Entscheidungsgehalt eines Schrittes $\log_2 2 = 1$ bit.

In der Fernstrecke erfolgt im gezeichneten Beispiel die Übertragung mit Wechselstrom, und zwar mit Amplitudenmodulation. (Diese Modulationsart trat in den vergangenen Jahren zwar etwas in den Hintergrund, wird aber in letzter Zeit bei Neuentwicklungen eingesetzt.)

Beim Erscheinen der Binärziffer „1“ wird Wechselstrom auf die Leitung geschaltet, der Binärziffer Null entspricht der Zustand: Kein Wechselstrom auf der Leitung.

Unterhalb des Wechselstromdiagramms für nur 2 Betriebszustände befindet sich ein weiteres für 4 Betriebszustände (und zwar 1 Zustand: Kein Wechselstrom sowie drei verschiedene Energiestufen auf der Leitung). Seien – allgemein ausgedrückt n derartige Zustände vorgesehen, so ist ihr Entscheidungsgehalt = $\log_2 n$, im gewählten Beispiel: $\log_2 4 = 2$. Da bei dieser Form der Übertragung auf der Leitung nur eine beschränkte und daher digital abzählbare Anzahl von Betriebszuständen vorkommt, nennt man derartige Übertragungen: „Digital-Übertragungen".

Zur Realisierung der erwähnten 4 Betriebszustände werden je 2 aus der Schnittstellenleitung kommende Bits in der Datenübertragungseinrichtung zu einem „Dibit" vereinigt, welches die 4 Betriebszustände steuert. Im weiteren Ausbau dieses Systems erscheint in den Planungen auch das „Tribit", welches 3 Bits zwecks Steuerung von 8 Leitungsbetriebszuständen zusammenfaßt. In der Gegenstation erfolgt die Rückwandlung von Dibits (allenfalls auch Tribits) in normale Bits.

Wichtig ist der Begriff der Daten-Übertragungsgeschwindigkeit (Formelzeichen v_D).

Allgemein gilt: $v_D = v_s \cdot \log_2 n$, für $n = 4$ ergibt sich: $v_D = 2\,v_s$, für $n = 8$ $v_D = 3\,v_s$ und für den derzeit häufigsten Fall $n = 2$ $v_D = v_s$.

(Weiteres über Wechselstromübertragung: Abschnitt 3.3.)

Abb. 17 verdeutlicht einige einfache Betriebsformen: Neben dem bei Datenübertragungen üblichen Doppelstrom kommt vereinzelt der Einfachstrom vor (Vorteil: Gibt etwas billigere Ausführungen, Nachteil: Übertragungstechnisch ungünstig).

Im Gegensatz zu der bisher dargestellten „Serienübertragung" kann auch „Parallelübertragung" in Betracht gezogen werden. Derzeit ist allerdings nur eine einzige Anwendung der Parallelübertragung genormt (CCITT-Empfehlung V. 30, vgl. auch Abschnitt 3.3 und Abb. 29).

Sowohl in Abb. 17 als auch in Abb. 18 ist als Beispiel die Übertragung der Ziffernfolge 62 unter Verwendung des „Alphabetes Nr. 5" (vgl. diesbezüglich Abb. 41) dargestellt.

Abb. 18 zeigt zwei wichtige Betriebsarten, den Synchron- und den Start-Stop-Betrieb. Beim Synchronbetrieb wird zu Beginn

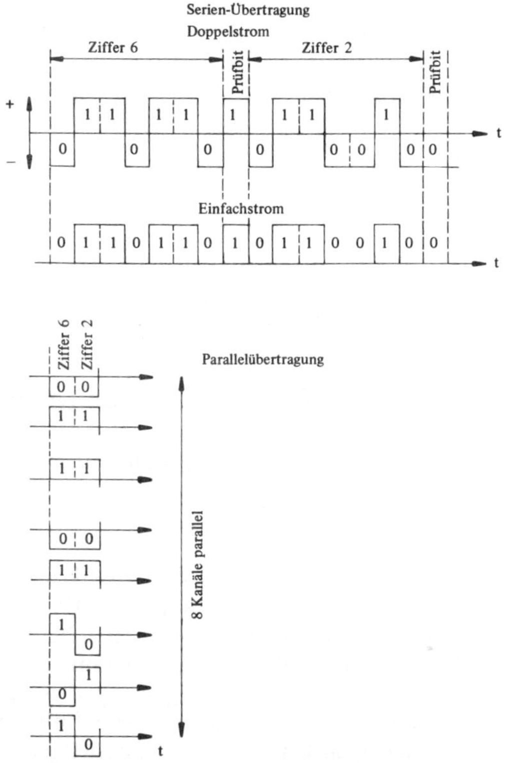

Abb. 17: Serien- und Parallelübertragung

der Sendung mittels einiger Synchronisierungszeichen (ebenfalls im Alphabet Nr. 5 genormt) der Gleichlauf zwischen Sender und Empfänger hergestellt, dann folgen unmittelbar andere Zeichen, z. B. die Ziffern 6 und 2.

In den Normen sind für jedes Zeichen 7 bit festgelegt, daran anschließend wird aber ein 8tes bit, das Prüfbit gesendet, welches zur Erkennung etwaiger Übertragungsfehler dient (Fehlerschutz). Somit ergeben sich je Zeichen 8 bit, das Prüf-

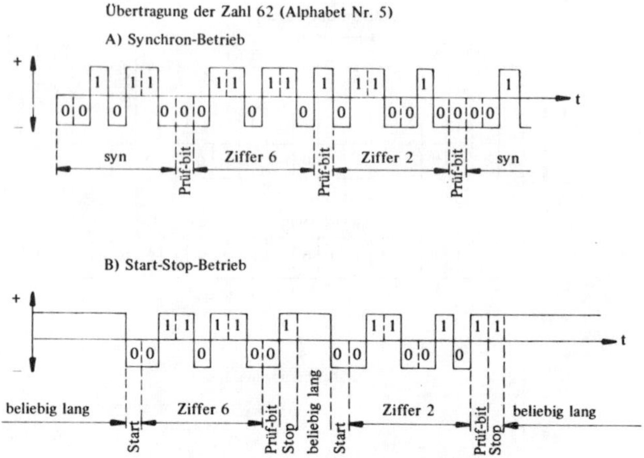

Abb. 18: Synchron- und Start-Stop-Betrieb

bit wird derart gewählt, daß sowohl die Anzahl der positiven Schritte als auch der negativen gerade ist. Beim Start-Stop-Betrieb wird auf eine genaue Synchronisierung beider Endstellen verzichtet, beide Stellen haben aber Einrichtungen, welche eine annähernd gleiche Ablaufgeschwindigkeit gewährleisten. Im Ruhezustand liegt „Plus" an der Schnittstellenleitung, bei Sendebeginn wird ein „Minusschritt" als Startauslösung gegeben, bei seinem Eintreffen läuft der Empfänger an, es folgen 7 bit im Sinne des Alphabetes Nr. 5. Das nächste Bit ist wieder ein Prüfbit, hier sieht die Normung allerdings vor, daß die Anzahl der Plus- bzw. Minusschritte ungeradzahlig sein soll. Dann folgt ein Plusschritt als „stop". (Wie bereits erwähnt, beträgt im Telexbetrieb – der im übrigen auch ein anderes Alphabet verwendet – die „Stopdauer" 1,5 Schritte.) Sender und Empfänger kehren nun in ihren Ruhezustand zurück, um beim nächsten Zeichen wieder erneut anzulaufen. Der Start-Stop-Betrieb wird hauptsächlich für langsame, der Synchronbetrieb für rasche Datenübertragungen eingesetzt. Eine wichtige

Forderung an die Datenübertragung besteht darin, daß die an der Sendeschnittstelle eingegebenen Zeichen, zwar um die Übertragungszeit t_0 verspätet, aber unverfälscht an der Empfangsstelle erscheinen. (Vgl. Abb. 19 oben.)

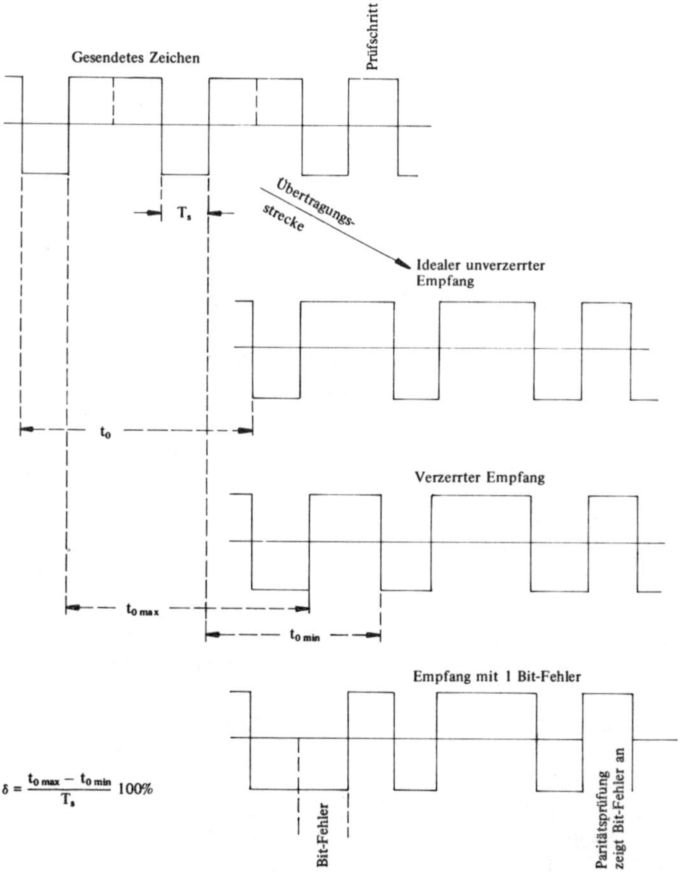

Abb. 19: Verzerrungen

In Praxis kommt es jedoch häufig vor, daß die Laufzeiten der einzelnen „Flanken" zeitlich verschieden sind und zwischen einer Mindestlaufzeit $t_{0\,min}$ und einer Höchstlaufzeit $t_{0\,max}$ schwanken.

Man definiert nun als Verzerrung (Formelzeichen δ):

$$\delta = \frac{t_{0\,max} - t_{0\,min}}{\delta} \cdot 100\% \,.$$

(Über „vorläufig" festgesetzte Grenzwerte für Verzerrungen vgl. CCITT-Empfehlung V. 50. – Die zahlenmäßigen Angaben schwanken – in Abhängigkeit von den näheren Betriebsbedingungen – zwischen 20 und 35%.)

Über die Ursache von Flankenverschiebungen vgl. Abschnitte 3.2 und 3.3. In besonders ungünstigen Fällen – z. B. bei Zusammentreffen einer starken Flankenverschiebung mit Fremdstörungen – kann es am Empfänger zur Auswertung einer falschen Flankenlage kommen, wodurch ein „Bitfehler" entsteht. Über Möglichkeiten zur Erkennung derartiger Bitfehler vgl. Abschnitt 6.2.

3.2 Die Fernübertragung mittels Gleichstrom

„Getasteter Gleichstrombetrieb" stellt die älteste Grundform der elektrischen Nachrichtenübertragung dar; in einer fast unübersehbaren Zahl von verschiedenen Ausführungen führte er sich in die Praxis ein; eine der neuesten und für die Datenübertragung wichtige ist die „Gleichstromdatenübertragung mit niedriger Sendespannung (GDN)", sie ist in Abb. 20 skizziert; mit ihr ist sowohl Vierdraht- als auch Zweidrahtbetrieb möglich, wobei die Vierdrahtschaltung die einfachere ist: In der Senderichtung (links oben) werden die über einem Lokalkreis ankommenden – allenfalls erdunsymmetrischen Signale in erdsymmetrische niedriger Spannung (300–500 mVolt, um im Kabelnetz benachbart geführte andere Nachrichtenwege nicht zu stören) umgesetzt. Für die Fernstrecke werden meist unbespulte Anschlußkabeladernpaare benützt, am fernen Ende

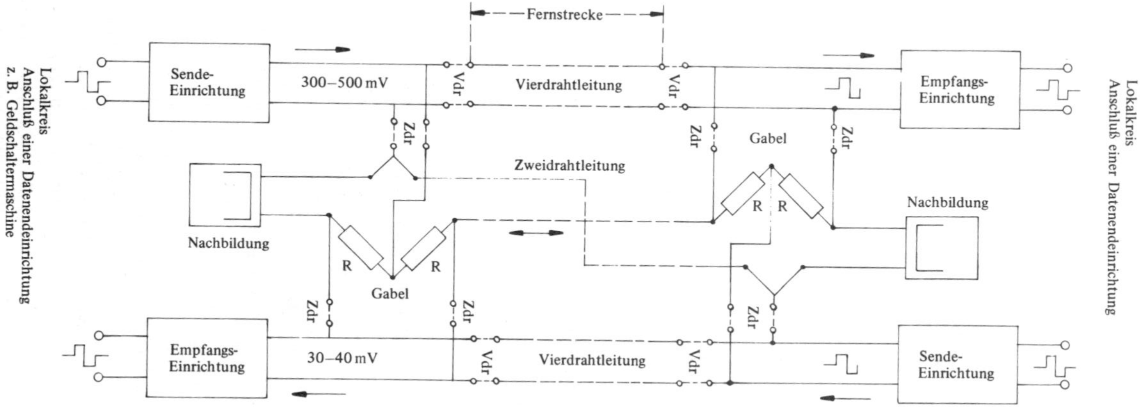

Übertragungs-geschwindigkeit	Reichweite Zweidr.	Vierdr.
600 bit/sec	18 km	30 km
1200 bit/sec	16 km	25 km
2400 bit/sec	13 km	19 km
4800 bit/sec	10 km	16 km
Gilt für 0,6 mm Anschlußkabel und 20% Verzerrung		

Vdr. . . . Schaltung auf Vierdraht
Zdr. . . . Schaltung auf Zweidraht

Abb. 20: Gleichstrom-Datenübertragungseinrichtung mit niedriger Sendespannung (GDN)

besorgt eine Empfangseinrichtung die Weitergabe der Signale in einen Ortskreis; analog ist die Gegenrichtung aufgebaut. Falls an Stromwegen gespart werden muß und eine geringere Reichweite genügt, ist Zweidrahtbetrieb vorgesehen. Es gelangen dann die Sendezeichen auf eine Gabelschaltung, welche sich aus der bekannten Wheatstoneschen Brücke herleiten läßt: Die vier Brückenarme bestehen aus 2 festen Widerständen „R“, dem Eingang der abgehenden Leitung sowie einer möglichst guten Nachbildung. Deren Widerstand soll im ganzen, für die Gleichstromübertragung benützten Frequenzbereich gleich dem Leitungseingangswiderstand sein. Ist dies der Fall, so beeinflußt ein an einer Brückendiagonale angeschlossener Sender den eigenen Empfänger, welcher an der anderen Diagonale liegt, nicht. Auch am fernen Leitungsende besorgt eine zweite Gabel die Trennung von Sende- und Empfangsseite. Die der Abb. 20 angefügte Reichweitentabelle zeigt, daß der Vierdrahtbetrieb dem Zweidrahtbetrieb technisch überlegen ist, denn – wie bereits im Abschnitt 2.6 bemerkt, kann ein völlig genauer Gabelabgleich nicht erreicht werden, der Sender einer Station wirkt immer etwas störend auf den eigenen Empfangskreis. Ähnlich wie in der Analogtechnik ist auch hier die Form der am fernen Ende ankommenden Signale wichtig. Zur Überprüfung von Gleichstrom-Übertragungssystemen ist das Senden von „Wechseln 1 : 1“ eine alteingeführte Methode, dabei wird je ein Plusschritt, gefolgt von einem Minusschritt mit voller Übertragungsgeschwindigkeit an den Systemeingang gelegt und der Empfang mittels Spezialmeßgeräte, welche z. B. die auftretenden Verzerrungen anzeigen, geprüft. Auch die rechnerische Behandlung von Gleichstromsystemen kann von den Wechseln 1 : 1 ihren Ausgang nehmen, wie Abb. 21 (oben) zeigt, lassen sich derartige Wechseln als Fourierreihe von Cosinusfunktionen darstellen – bei einer etwas anderen Wahl des Nullpunktes der Zeitrechnung kann auch eine Darstellung mittels Sinusfunktionen erfolgen. Kennt man die Dämpfung und das Phasenmaß des Übertragungssystems im ganzen, von ihm übertragenen Frequenzband, so kann man für jede, in der Fourierreihe aufscheinenden Teilschwingung die zugehörige

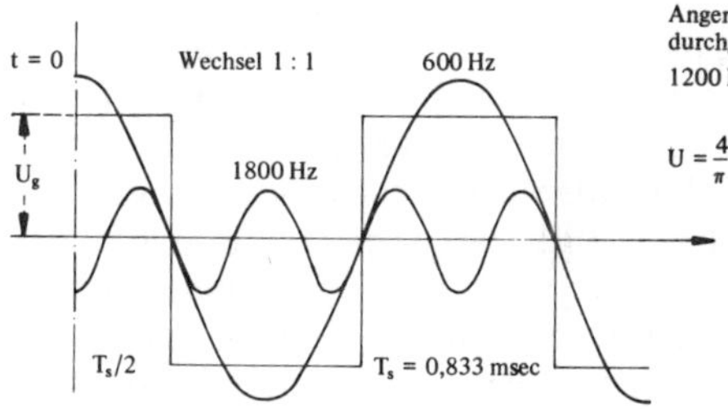

Angenommene maximale, noch durchgelassene Frequenz:
1200 Baud x 0,8 x 2 = 1920 Hz

$$U = \frac{4}{\pi} U_g \left(\cos \omega t - \frac{1}{3} \cos 3 \omega t + \frac{1}{5} \cos 5 \omega t - - \frac{1}{7} \cos 7 \omega t + \frac{1}{9} \cos 9 \omega t - \right)$$

Entspricht einer synchronen Dauersendung von U oder * = Stern

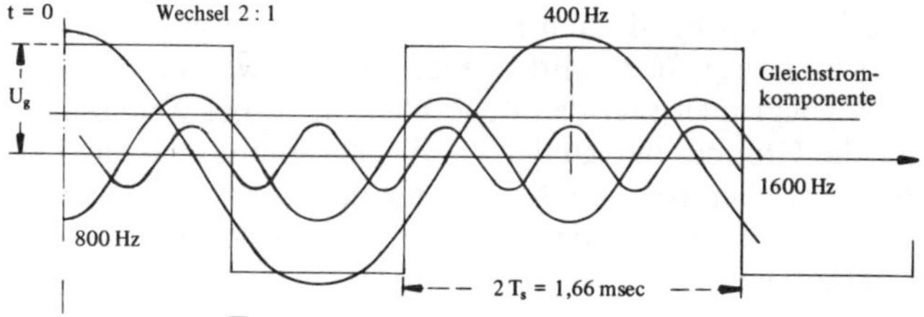

$$u = U_g \left[\frac{1}{3} + \frac{2\sqrt{3}}{\pi} \left(\cos \omega t - \frac{1}{2} \cos 2 \omega t + \frac{1}{4} \cos 4 \omega t - \frac{1}{5} \cos 5 \omega t + \frac{1}{7} \cos 7 \omega t - - \frac{1}{8} \cos 8 \omega t + \frac{1}{10} \cos 10 \omega t - \frac{1}{11} \cos 11 \omega t + \right)\right]$$

Würde im normgemäßen Synchronbetrieb den Paritätsregeln widersprechen

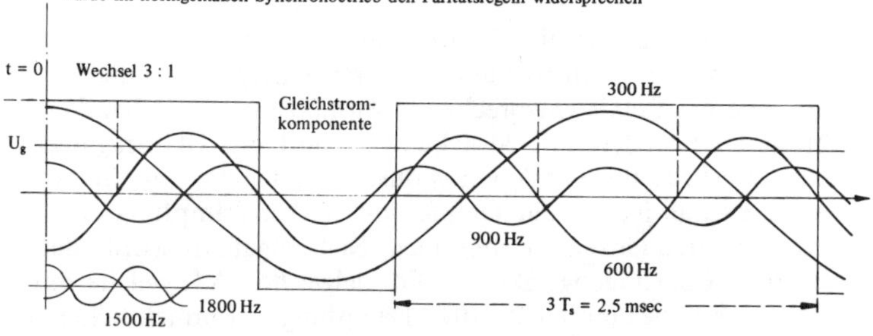

$$u = U_g \left[\frac{1}{2} + \frac{2\sqrt{2}}{\pi} \left(\cos \omega t - \frac{\sqrt{2}}{2} \cos 2 \omega t + \frac{1}{3} \cos 3 \omega t - \frac{1}{5} \cos 5 \omega t + \frac{\sqrt{2}}{6} \cos 6 \omega t - \frac{1}{7} \cos 7 \omega t + + \frac{1}{9} \cos 9 \omega t - \frac{\sqrt{2}}{10} \cos 10 \omega t + \frac{1}{11} \cos 11 \omega t - \ldots \right)\right]$$

Entspricht einer synchronen Dauersendung von w n D, außerdem von 5 anderen sehr seltenen Zeichen

Abb. 21: Darstellung einiger periodischer Digitalfolgen durch cos-Funktionen (Fourier-Analyse)
Angenommene Schrittgeschwindigkeit: 1200 Baud

Endspannung ermitteln; das am Ende erscheinende Signal ergibt sich aus der Summe dieser Teilschwingungen. Es zeigte sich allerdings bald, daß Messungen mit Wechseln 1 : 1 allein nicht genügen. In Abb. 21 wurden daher auch die Fourierreihen für Wechseln 2 : 1 und 3 : 1 angegeben, zur Einführung einer entsprechenden oberen Begrenzung der graphischen Darstellung der Oberwellen diente folgende Überlegung: Ausgegangen wurde von einer Schrittgeschwindigkeit von 1200 Baud – das im Gleichstrombetrieb für eine gute Übertragung benötigte Frequenzband kann mit 80% dieses Wertes – wie später genauer ausgeführt wird – angenommen werden, somit 960 Hz. Begnügt man sich damit, so bleibt z. B. bei Wechseln 1 : 1 nur die Grundschwingung (600 Hz) übrig, um eine allzu dürftige Oberwellendarstellung zu vermeiden, wurde die Bandbreite mit dem doppelten des praktisch nötigen Wertes, also mit 1920 Hz gewählt.

Festzuhalten ist die Tatsache, daß bei Wechseln 1 : 1 die Frequenz der Grundwelle gleich der halben Schrittgeschwindigkeit ist. Abb. 22 bringt einige mittels der Fourier-Analyse ermittelten Ergebnisse, wobei folgende Annahmen gemacht wurden:

Die in Abb. 21 gewählte Grenzfrequenz wurde mit 1920 Hz beibehalten, dagegen wurde die Übertragungsgeschwindigkeit um eine der Praxis entsprechende Ausnützung dieser Bandbreite darzustellen, mit 2400 Baud gewählt. Als Übertragungsstrecke wurde für 3 Fälle ein verlustarmer Tiefpaß, in einem weiteren Fall jedoch ein Tiefpaß mit starker Dämpfung der höheren Frequenzen angenommen. Neu eingeführt wurde der Begriff „Übertragungsfaktor – Formelzeichen A“, welche mit dem bereits bekannten Begriff „Dämpfung – Formelzeichen a“ durch folgende Gleichung verknüpft ist: $A = e^{-a}$ (Dämpfung a in Neper). In 3 der gewählten Fälle ist A (wie oben angedeutet) = 1, im vierten Fall fällt A_{IV} mit steigender Frequenz ab, für die Grenzfrequenz des Tiefpasses wird $A_{IV} = 0$. Die Ergebnisse können wie folgt charakterisiert werden: In den Fällen I–III entspricht einer steilen Dämpfungskurve des Tiefpasses eine steile Signalflanke aber auch ein starkes Überschwingen.

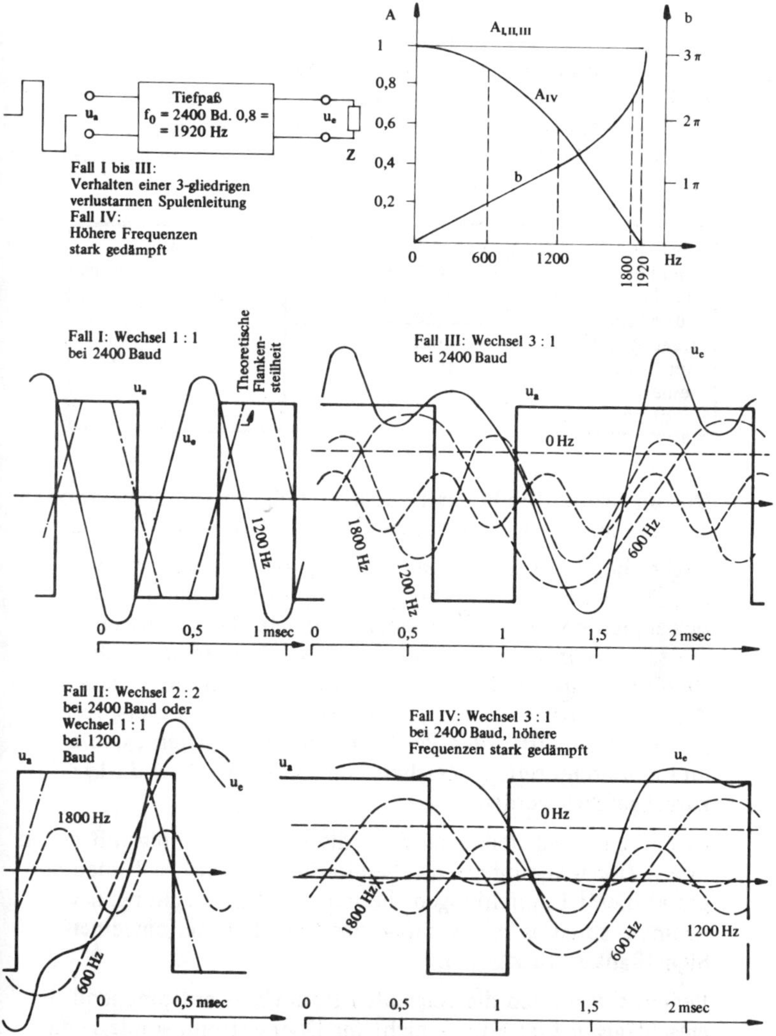

Abb. 22: Durchgang von Wechseln durch einen Tiefpaß

Im Fall IV ergibt eine flache Dämpfungskurve des Tiefpasses eine geringere Signalflankensteilheit, dagegen auch ein geringeres Überschwingen. Wie aufgrund von Abb. 25 noch gezeigt wird, ist die erreichbare Schrittgeschwindigkeit der Signalflankensteilheit proportional; dagegen erhöht das Überschwingen die Störempfindlichkeit des Systems. Die folgende Übersicht verallgemeinert diese Zusammenhänge:

Verminderung der Steilheit der Dämpfungskurve eines Übertragungskanals in der Nähe seiner Endfrequenzen	→ ergibt →	Verminderung der Steilheit der Signalflanken	→ ergibt →	Verringerung der Daten-Übertragungs-Geschwindigkeit v_D
				ergibt
	→ ergibt →	Verminderung des Überschwingens	→ ergibt →	Verminderung der Störanfälligkeit des Systems

Die am rechten Ende der Übersicht stark umrahmte Relation gilt als Faustregel für die gesamte Datenübertragungstechnik.

Gegen die Messung bzw. Berechnung von Übertragungssystemen mit „Wechseln" besteht der grundsätzliche Einwand, daß es sich dabei nur um „Stichproben" handelt, dazu nicht einmal um sehr „repräsentative". Wie in Abb. 22 angedeutet, entsprechen im Alphabet Nr. 5 die Wechseln 1 : 1 den ziemlich seltenen Zeichen „U bzw. * (Stern)", die Wechseln 2 : 1 widersprechen im Synchronbetrieb den Paritätsregeln; die Zeichen „w n D" und 5 weitere, seltene Zeichen können auf Wechsel 3 : 1 zurückgeführt werden.

CCITT empfiehlt daher in V. 52 die Leitungsprüfung mit einem international vereinbarten „Pseudo-Zufalls-Text", will man aufgrund dieser Empfehlungen theoretische Untersuchungen vornehmen, so ist es zweckmäßig, das Verhalten der einzelnen Signalflanken zu kennen.

Bemerkt wird, daß die folgenden Formeln – entsprechend der einschlägigen Literatur – nicht für Doppelstrom, sondern für Einfachstrom gelten.

Es läßt sich zeigen, daß ein Spannungssprung, der zum Nullpunkt einer Zeitskala, die Leitungsanfangsspannung plötzlich von 0 auf den Wert U_g anhebt durch folgendes Integral darstellbar ist (vgl. Abb. 23, äußerster linker Rand):

$$u_a = U_g \left(\frac{1}{2} + \frac{1}{\pi} \int\limits_{\omega=0}^{\omega=\infty} \frac{\sin \omega t}{\omega} \, d\,\omega \right) .$$

In Abb. 23 sind einige markante Beispiele, die Resultate in Kurvenform und die zugehörigen Rechenregeln wiedergegeben. Viele praktische Fälle können in erster Näherung einem dieser Beispiele zugeordnet werden.

Für höhere Ansprüche dient Abb. 24. Das für die Gleichstromdatenübertragung zur Verfügung stehende Frequenzband reiche von 0 bis f_0 (bzw. $\omega_0 = 2\pi f_0$), a, b und $A = e^{-a}$ seien stetig, aber sonst beliebig gegeben. Dann kann man immer das Frequenzband in Teilbänder derart zerlegen, daß in jedem Teilband A und b einen praktisch geradlinigen Verlauf aufweisen. Die dann möglichen mathematischen Umformungen, welche auf die Funktionen Integralsinus, Integralcosinus und den gewöhnlichen cos führen, sind in Abb. 24 allerdings nur angedeutet; ein genaueres Eingehen darauf würde zu weitläufig werden.

Da die Formeln für die Fourierreihen sich auf Doppelstrom, die für Flanken aber auf Einfachstrom beziehen, ist es nötig, kurz die Umrechnungsbeziehungen anzugeben.

Es bedeutet:

- U_{gein} die Gleichstromeintrittsspannung bei Einfachstrom
- U_{gdop} die Gleichstromeintrittsspannung bei Doppelstrom
- u_{ein} den Momentanwert der Spannung bei Einfachstrom
- u_{dop} den Momentanwert der Spannung bei Doppelstrom

Am Leitungseingang: Spannungssprung:

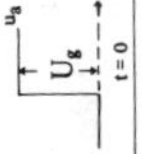

$$u_a = U_g\left(\frac{1}{2} + \frac{1}{\pi}\int_0^{\omega=\infty} \frac{\sin \omega t}{\omega}\, d\omega\right) = U_g\left(\frac{1}{2} + \frac{1}{\pi}\,\mathrm{Si}(\omega t)\Big|_0^{\omega=\infty}\right)$$

Übertragungsstrecke	Strom- bzw. Spannungszustand am Leitungsende: Typische Kurve	Rechenregel
Sehr langes unbespultes symmetrisches Kabel, beiderseits sehr niederohmig abgeschlossen. Beispiel: d = 0,6 mm Länge l = 15 km R' = 124 Ohm/km C' = 31 nF/km L' = 0 G' = 0 U_g = 1 Volt	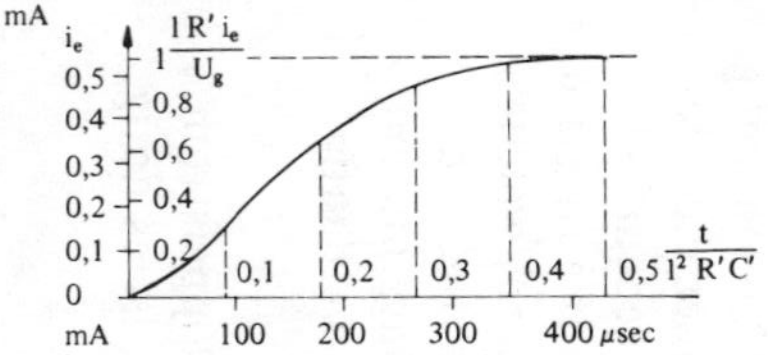	„Thomsonkurve" i_e (Strom am Leitungsende) = $=\frac{U_g}{l\,R'}\left(1+\sum_{k=1}^{k=\infty}(-1)^k\, e^{-\frac{k^2\pi^2 t}{l^2 R' C'}}\right)$ Bei 30% Fehlertoleranz: $l_{min} = \frac{10}{R'}\sqrt{\frac{L'}{C'}} = (35-42)\, d^2$ Bei 10%: $l_{min} = (52-63)\, d^2$
Unbespultes symmetrisches Kabel mittlerer Länge, bei dem die rechts oben angeführten Mindestlängen unterschritten sind. Beispiel wie oben, nur l = 7,5 km L' = 0,7 mHenry/km	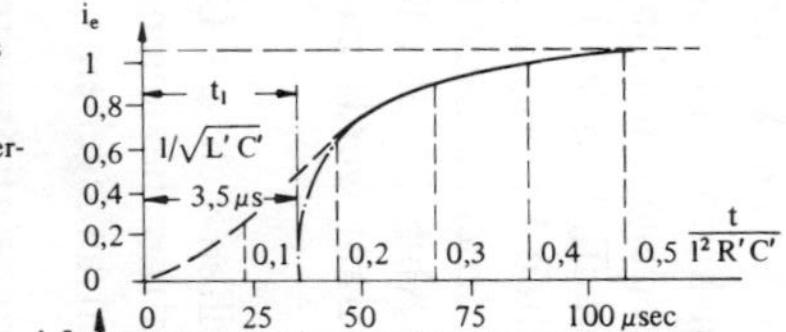	Man zeichne die „Thomsonkurve" wie oben, zusätzlich errichte man aber im Abstand $t_l = l/\sqrt{L'C'}$ eine „Grenzgerade"; rechts von ihr bzw. unterhalb der Thomsonkurve liegt die wirkliche Einschwingkurve, falls deren genauere Ermittlung nötig: Vergl. Abb. 24
3-gliedrige Spulenleitung geringer Dämpfung, beiderseits mit dem Wellenwiderstand abgeschlossen. Beispiel: f_0 = 5000 Hz ω_0 = 31 400	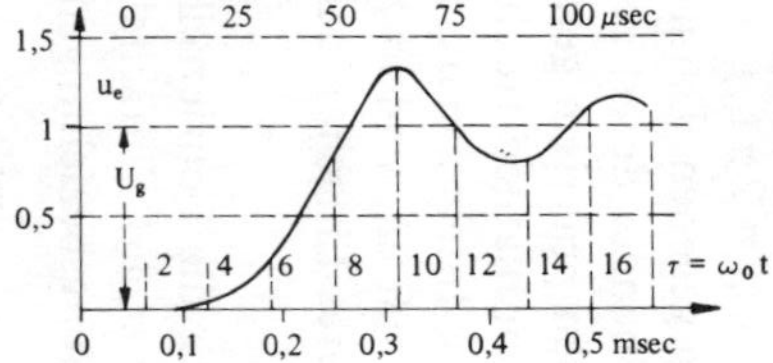	Spannung am Leitungsende $u_e = U_g \int_0^{\omega_0 t} I_{2n}(\tau)\cdot d\tau$ n = Spulenzahl gegeben mit n = 3 I_{2n} = Besselsche Funktion 2nter Ordnung. Nullpunkt der Zeitzählung: Bei Auftreten der Gleichstromspannung am Leitungsanfang
„Idealer Tiefpaß" entsprechend den obigen Angaben, nur wird angenommen, daß im ganzen Übertragungsbereich keine Phasenverzerrung auftritt	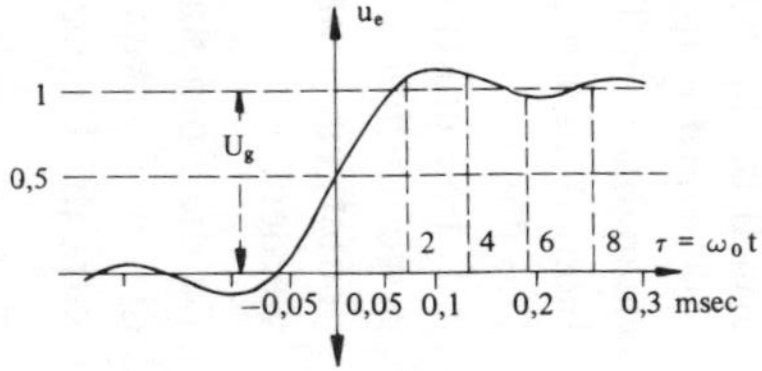	Spannung am Leitungsende $u_e = U_g\left(\frac{1}{2}+\frac{1}{\pi}\,\mathrm{Si}(\omega_0 t)\right)$ (Von Spulenzahl unabhängig) Nullpunkt der Zeitzählung: Beim Eintreffen des Meridianwertes der Flanke am Leitungsende. Resultate zu optimistisch!

Abb. 23: Einige Einschwingkurven

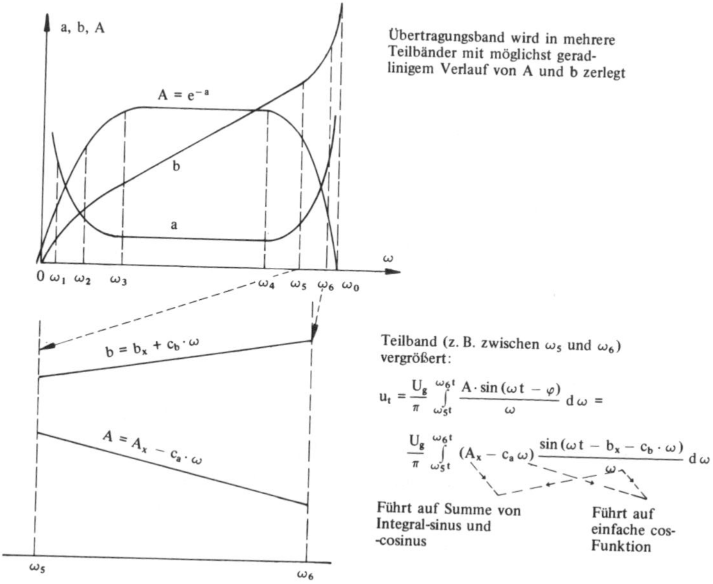

Abb. 24: Näherungsmethode zur Bestimmung von Einschwingkurven

Dann ist: $$U_{gdop} = \frac{U_{gein}}{2}$$

$$u_{ein} = u_{dop} + \frac{1}{2} U_{gein} = u_{dop} + U_{gdop}$$

$$u_{dop} = u_{ein} - \frac{1}{2} U_{gein} = u_{ein} - U_{gdop} \, .$$

Wendet man z. B. die letzte Formel auf die in Abb. 23 – ganz links – angeschriebene Gleichung für den Spannungssprung an, so folgt:

$$u_{dop} = u_{ein} - \frac{1}{2} U_{gein} =$$

$$= U_{gein} \left(\frac{1}{2} + \frac{1}{\pi} \int_{\omega=0}^{\omega \to \infty} \frac{\sin \omega t}{\omega} \, d\omega \right) - \frac{1}{2} U_{gein} =$$

$$= U_{gein} \frac{1}{\pi} \int_{\omega=0}^{\omega \to \infty} \frac{\sin \omega t}{\omega} \, d\omega =$$

$$= U_{gdop} \frac{2}{\pi} \int_{\omega=0}^{\omega \to \infty} \frac{\sin \omega t}{\omega} \, d\omega \, .$$

Einfachste Formel, sinngemäß in Abb. 24 verwendet

Meist wird es vorteilhaft sein, die rechnerisch erhaltenen Ergebnisse durch praktische Messungen (z. B. Aufnahme von Flankenkurven mittels Oszillographen) zu überprüfen.

Abb. 25 bringt einige praktische Anwendungen der oben kurz dargestellten Theorie. Zunächst ist wieder – ähnlich wie in Abb. 22 die Aufeinanderfolge von Flanken „plus auf minus" und eine Schrittdauer später von „minus auf plus" beim Durchgang durch einen Tiefpaß behandelt. Der Unterschied gegenüber Abb. 22 liegt darin, daß die erste Flanke vom Ruhezustand ihren Ausgang nimmt – oder, wenn man wieder den Begriff der „Wechsel" verwendet, handelt es sich um Wechseln „∞ : 1". Aus zeichnerischen Gründen – um ein zu starkes Ineinanderfließen der Flanken zu vermeiden – wurde im Gegensatz zu Abb. 22 ferner die Schrittgeschwindigkeit mit 1200 Baud, entsprechend einer Schrittdauer von 0,833 msec gewählt. Zunächst erhält man die „fallende" Flanke dadurch, daß man die in Abb. 23 gebrachte dritte Kurve, welche ja für den Spannungssprung von minus auf plus gilt, einfach spiegelbildlich umdreht. Allerdings muß man die Zeitskala, da in Abb. 23 eine Grenzfrequenz von 5000 Hz angenommen ist, im vorliegenden Beispiel aber 1920 Hz, umrechnen. (Verlängerung aller Zeiten um den Faktor 5000 : 1920 = 2,605.) 0,833 msec später setzt die „steigende" Flanke ein, hier kann man die

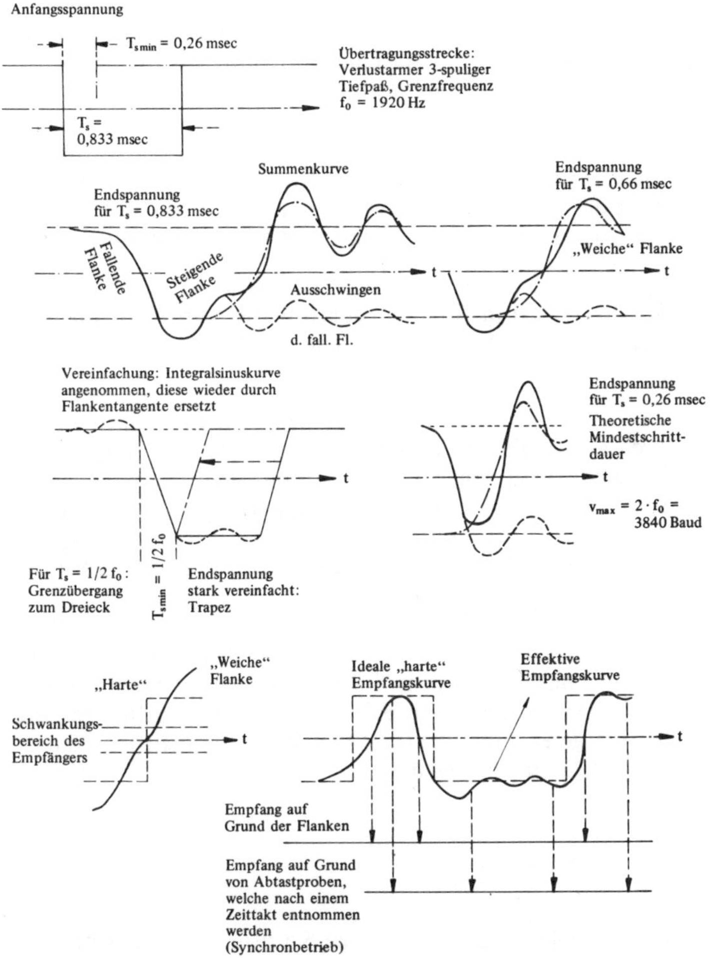

Abb. 25: Einige praktische Anwendungen der Einschwingtheorie

Kurve aus Abb. 23 – unter Berücksichtigung der geänderten Zeitskala – einfach übernehmen. Das am Ende der Leitung erscheinende Signal ergibt sich aus der Summierung der beiden Flankenkurven, es ist dem Fall II in Abb. 22 sehr ähnlich, obwohl es sich dort um Wechsel 1 : 1 (bei 1200 Baud) handelt. Verschiebt man nun den Flankenabstand z. B. auf $T_s = 0{,}66$ msec, so erhält man eine Flanke, welche durch den Nullwert „weich" hindurchgeht. Es ergibt sich nun zwangsläufig die Frage, wie eng man überhaupt die beiden Flanken aneinanderschieben kann. Dazu wird sehr oft folgende Vereinfachung gewählt:

Man ersetzt die in Abb. 23 gebrachte 3te Kurve näherungsweise durch die 4te Kurve, welche auf der Integralsinus-Funktion beruht.

Aber auch die Integralsinuskurve wird ihrerseits annähernd durch ihre Nullpunkttangente ersetzt, so daß die Signalflanke als Gerade dargestellt wird, der gesamte empfangene Schritt erscheint als gleichschenkliges Trapez (vgl. Abb. 25, Mitte links). Es läßt sich nun zeichnerisch und rechnerisch zeigen, daß eine Signalflanke dieses Trapezes eine Zeitdauer von $\frac{1}{2 f_0}$ beansprucht. Verschiebt man nun die steigende Flanke des Trapezes soweit nach links, daß ein gleichschenkliges Dreieck (höhengleich mit dem Trapez, eine weitere Flankenverschiebung nach links würde die empfangene Schrittdauer gegenüber der gesendeten verkürzen) entsteht, so erhält man die geringste Schrittdauer mit:

$$T_{s\,min} = \frac{1}{2 f_0} \,.$$

Daraus ergibt sich die maximale Schrittgeschwindigkeit

$$v_{S\,max} = \frac{1}{T_{s\,min}} = 2 f_0 \,.$$

Betrachtet man allerdings unter Beiseitelassung der oben erwähnten Näherungen die wirklichen Einschwingkurven – im vorliegenden Beispiel Abb. 25, Mitte rechts – so zeigt sich ein starkes Überschwingen und eine Veränderung der Schrittdauer.

Vom Standpunkt der Betriebssicherheit ist es vorteilhaft, hinter einer gesendeten Flanke einen gewissen Zeitraum auszusparen, um sie etwas ausschwingen zu lassen und dann erst die nächste Flanke zu senden. Aus diesen Überlegungen ergeben sich ferner Verbesserungsmöglichkeiten der Betriebssicherheit – vorausgesetzt, daß die Wahl der Codierung freisteht – vgl. dazu Abschnitt 6.2 –: Dann kann für „heikle" Zeichen (z. B. Ziffern) die Verwendung einzelstehender „1-bit" oder „0-bit" vermieden werden. Dies wirkt so, als ob diese „bevorzugten" Zeichen nur mit der halben Normalgeschwindigkeit gesendet würden.

Die Einschwingerscheinungen führen dazu, daß die Schrittgeschwindigkeit selten gleich $2\,f_0$ gewählt wird. Wir ersetzen daher den Faktor „2" in der Geschwindigkeitsformel durch einen Erfahrungswert h_g (Hilfsfaktor für Gleichstrombetrieb) und erhalten:

$$v_S = h_g\, f_0 \ ,$$

wobei h_g je nach den näheren Betriebsbedingungen zwischen 1,25 und 1,85 schwankt. (Ausführlichere einschlägige Angaben – allerdings für Wechselstrombetrieb – vgl. Abschnitt 3.3.) Abb. 25 (unten links) stellt ferner die ungünstige Wirkung „weicher" Flanken dar. Jeder Empfänger hat ein gewisses Schwankungsintervall für die Höhe der Spannung, bei deren Erreichung er einen Flankendurchgang anzeigt. Bei „harten" Flanken – strichliniert gezeichnet – wirkt sich dies praktisch überhaupt nicht aus, bei „weichen" dagegen wesentlich.

Es ergeben sich dadurch zeitliche Verschiebungen der vom Empfänger wahrgenommenen Flankendurchgänge, daraus entstehen die sogenannten „einseitigen Verzerrungen". Ähnlich wie die Schwankungsbreite der Empfänger wirken Ungleichheiten in der Plus- bzw. Minusseite der Sendespannung. Eine weitere Verzerrungsursache ist die in Abb. 25 (Mitte rechts) dargestellte Veränderung der Schrittdauer. Die daraus ergeben sich die „charakteristischen Verzerrungen", so genannt, weil sie für die technischen Eigenschaften der Übertragungsstrecke charakteristisch sind. Andere Verzerrungen – die unregelmäßigen – werden z.B. durch Eindringen von Störspannungen in den Übertragungskanal hervorgerufen.

Der Empfang aufgrund der einfallenden Flankendurchgänge ist zwar technisch einfach, kann jedoch zu den oben behandelten Fehlern führen. Besser ist eine Abtastung der ankommenden Signale in ihrer Schrittmitte (vgl. Abb. 25 rechts unten). Dabei muß allerdings der Empfänger vorweg bereits „wissen", wann diese Schrittmitte zu erwarten ist – oder mit anderen Worten – er muß den Zeittakt der ankommenden Zeichen kennen. (Typisch für den Synchronbetrieb.)

Es ist daher nötig, am Empfangsort aus dem ankommenden Datenstrom seinen Zeittakt mittels einer Spezialeinrichtung herauszuanalysieren. Zu Beginn einer Synchronsendung werden mehrere Synchronzeichen (vgl. Abb. 18 links oben) zwecks Herstellung des Gleichlaufes gesendet; der Gleichlauf muß während der anschließenden Übertragung der Nutzinformation durch eine dauernde Analyse der ankommenden Signale aufrecht erhalten werden.

Längere Folgen gleichartiger Binärzeichen (somit nur 1111 . . . 11 oder 0000 . . . 00) gefährden den Synchronismus, während der Dauer einer derartigen Folge erscheinen überhaupt keine Flanken beim Empfänger.

Ein Mittel dagegen ist der Einsatz von „Scrambler" am Sende- und von „Descrambler" am Empfangsort, dadurch wird der über die Übertragungsstrecke fließende Datenstrom „verwürfelt", die Wahrscheinlichkeit, daß er längere Folgen gleicher Binärzeichen enthält, wird fast gegen Null gedrückt. Am Empfangsort sorgt der „Descrambler" für eine Wiederherstellung der ursprünglich gesendeten Bitfolge. In technischer Hinsicht bestehen die Scrambler bzw. Descrambler aus rückgekoppelten Schieberegistern.

Vorwegnehmend die genaueren Ausführungen in Abschnitt 6.2 sei noch erwähnt, daß ein neues Betriebsverfahren (genannt: „HIGH – LEVEL DATA LINK CONTROL PROCEDURES") voraussichtlich durch die ISO genormt wird. Die vorgeschlagenen Betriebsnormen verhindern, daß das Binärzeichen „1" öfter als 6mal hintereinander gesendet wird. Kommt es – vielleicht später – zu einer analogen Betriebsnorm hinsichtlich der „0", so würde dieses Betriebsverfahren – unter anderen Vorteilen – auch zur Aufrechterhaltung des Synchronismusses beitragen.

Die obigen Ausführungen über den Synchronismus beziehen sich nicht nur auf den Gleichstrombetrieb, sondern insbesonders auf den im folgenden Abschnitt behandelten Wechselstrombetrieb.

3.3 Die Fernübertragung mittels Wechselstrom

Durch die Entwicklung elektronischer Verstärker, welche für Wechselstrom wesentlich einfacher ausführbar sind als für Gleichstrom, nimmt die Wechselstromtechnik derzeit bei der Überwindung großer Entfernungen eine dominierende Stellung ein. Vor allem wurden Fernsprechkanäle für Fern- bzw. Weitverkehr geschaffen; es ist naheliegend, derartige Kanäle für Zwecke der Datenübertragung mitzubenutzen.

Abb. 26 stellt die beiden derzeit häufigsten praktischen Ausführungsformen einander gegenüber.

Oben ist ein verhältnismäßig einfacher „Modem" (gewählt: Ausführungsform nach CCITT-Norm V. 23 für 600/1200 Baud) dargestellt. „Modem" ist eine gebräuchliche Abkürzung für „Modulations- und Demodulationseinrichtung". Ein typischer einfacher Einsatzfall ist die Herstellung einer Wählverbindung zwischen zwei Datenstationen, zuerst wird kurz gesprochen, anschließend wird beiderseits auf Modems zwecks Durchführung der Datenübertragung umgeschaltet; der Fernsprechkanal wird dabei nicht für mehrere voneinander unabhängige gleichzeitige Datenübertragungen ausgenützt. Für bestimmte, höher entwickelte technische Einrichtungen gilt diese Einschränkung nicht mehr.

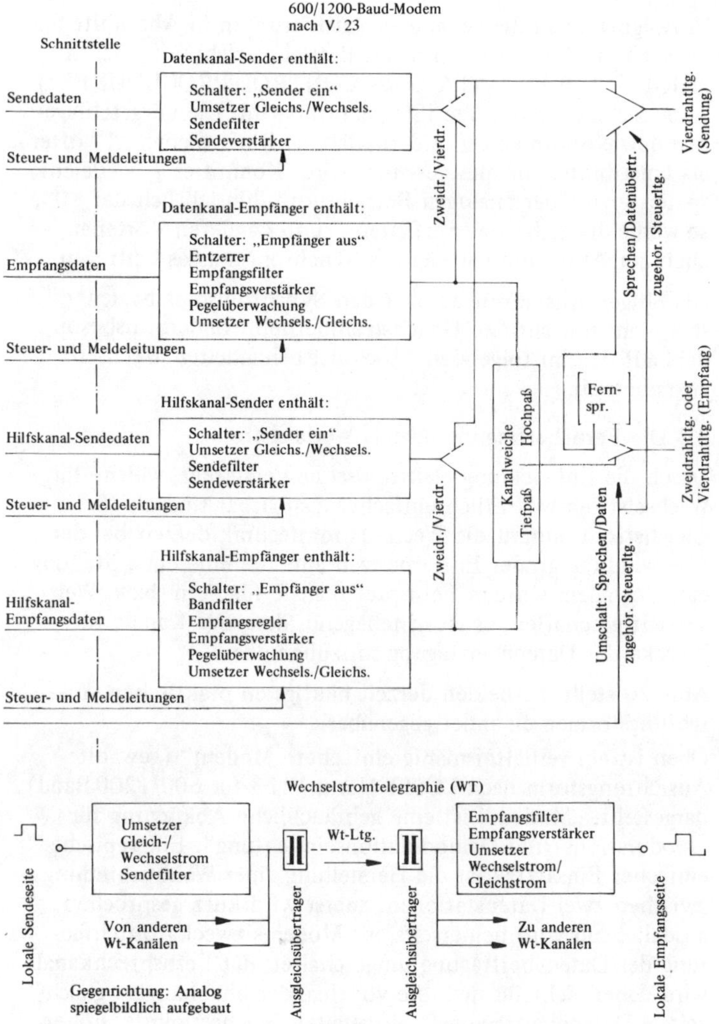

Abb. 26: Benützung von Fernsprechkanälen für digitale Übertragungen

Im Gegensatz dazu benützt die Wechselstromtelegraphie (WT.) – in Abb. 26 unten dargestellt – das breite Frequenzband eines Fernsprechkanals meist für mehrere, voneinander getrennte Datenkanäle. Ein ständiges Hin- und Zurückschalten zwischen „Sprechen“ und „Datenübertragung“ ist im WT-Betrieb nicht vorgesehen. Die Zahl der möglichen Kanäle hängt von der gewünschten Schrittgeschwindigkeit ab, wie folgende Übersicht zeigt:

Schrittgeschwindigkeit in Baud	Zahl der Datenkanäle, welche aus einem Fernsprech-Vierdrahtkanal gewinnbar sind (CCITT-Norm)
200	6
100	12
50 (für Datenübertragung meist zu langsam, typische Geschwindigkeit für Telex)	24

Der typische Verwendungsfall von WT-Einrichtungen ist bei großen Fernmeldeverwaltungen (z. B. Deutsche Bundespost) gegeben, wo viele digitale Nachrichtenkanäle teils für den eigenen Betrieb, teils für eine Vermietung an Interessenten benötigt werden. Auch das im Abschnitt 4.4 bzw. Abb. 37 behandelte, derzeit im Aufbau begriffene „Datennetz mit elektronischer Datenvermittlung (EDS)“ stützt sich leitungsmäßig stark auf die WT-Technik.

Mittlere Unternehmungen (z. B. Elektrizitätsversorgungen) setzen oft eine „Überlagerungs-WT“ ein; dabei wird ein vorhandener Fernsprechkanal in seinem Frequenzband nach oben zu etwas beschnitten, die so freigewordenen hohen Frequenzen werden für eine Datenübertragung verwendet.

Einzelheiten zum Modem: Meist ist sowohl der Anschluß an eine Zweidrahtleitung (typisch für Fernsprechwählverbindungen) als auch an eine Vierdrahtleitung (kommt derzeit für Mietleitungen in Betracht, die Übertragungsqualität wird dadurch wesentlich verbessert) vorgesehen. An den Leitungseingang schließt sich ein Umschalter an, welcher den bereits erwähnten Wechselbetrieb „Fernsprechen – Datenübertragung" ermöglicht. In der folgenden Kanalweiche wird der Datenkanal, welcher die höheren Frequenzen benützt, vom Hilfskanal, der auf tieferen Frequenzen liegt, elektrisch getrennt. (Frequenzschema: Vgl. Abb. 29, 5te und 6te Zeile; es wird mit der, später genauer beschriebenen Frequenzmodulation gearbeitet.) Der Datenkanal führt zum Daten-Sender bzw. Datenempfänger. Im Sender werden die, von der Schnittstelle im Gleichstrombetrieb kommenden eigenen Signale in Wechselstrom umgesetzt (moduliert), dabei entstehen unerwünschte Oberwellen, welche im Sendefilter von der Übertragungsleitung ferngehalten werden, anschließend folgt ein Sendeverstärker. Die Sendeenergie muß allerdings kleiner gehalten werden als die beim Einmessen einer Fernsprechleitung verwendete. (Zweck: Verhinderung der Störung von Nachbarleitungen im öffentlichen Netz durch Nebensprechen, Verhinderung der Überlastung bzw. Übersteuerung von Verstärkern und Trägerstromeinrichtungen des öffentlichen Netzes, genaueres über diese „Pegelabsenkung" enthalten in den CCITT-Empfehlungen V 2, roher Richtwert: – 15 dB.) Beim vorliegenden Modem kann bei einer zweidrahtmäßig über das Fernsprechwählnetz aufgebauten Verbindung nicht gleichzeitig gesendet und empfangen werden (Simplexbetrieb, im Gegensatz zum Duplexbetrieb, bei dem dies möglich ist). Die zugehörige Datenendeinrichtung (in Abb. 26 links über die Schnittstellenleitungen angeschlossen zu denken) hat über Steuerleitungen die Schalter „Sender ein" bzw. „Empfänger aus" derart zu betätigen, daß ein gleichzeitiges Senden und Empfangen auf der Fernleitung unterbunden wird.

Beim Empfänger hat ein Entzerrer dafür zu sorgen, daß die auf der Fernstrecke entstehenden Dämpfungs- und Phasenverzerrungen möglichst ausgeglichen werden. Der hier behandelte Modem nach V 23 benützt allerdings nur den besten Teil des Fernsprechfrequenzbandes, so daß entweder auf einen Entzerrer verzichtet werden kann oder ein einfacher „Kompriß-entzerrer“, der einem Trägerfrequenzbetrieb auf der Fernstrecke entspricht, genügt. Werden für höhere Übertragungsgeschwindigkeiten (etwa 4800 bit/sec) auch weniger günstige Anteile des Fernsprechfrequenzbandes benötigt, so besitzen höher entwickelte Modems „einstellbare Entzerrer“, für sehr hohe Geschwindigkeiten (etwa 7200 bis 9600 bit/sec) kommt der Einsatz „automatischer Entzerrer“ in Betracht.

Im Empfangsfilter werden unerwünschte Oberwellen – welche z. B. von Leitungsstörungen herrühren können, abgefiltert, dann folgt ein Empfangsverstärker. Anschließend sorgt eine Pegelüberwachung dafür, daß abnormales Absinken der ankommenden Energie – z. B. verursacht durch Leitungsfehler – signalisiert wird. Es schließt sich der Umsetzer von Wechselstrom auf Gleichstrom an; der ankommende Datenstrom wird im Gleichstrombetrieb über die Schnittstelle an die Datenendeinrichtung weitergeleitet.

Technisch ähnlich dem Hauptkanal ist der Hilfskanal, welcher Kontrollzwecken dient und eine Schrittgeschwindigkeit von nur 50 bis 75 Baud besitzt, aufgebaut.

Wie im Abschnitt 6.3 genauer ausgeführt wird, gibt es „procedures“, welche unter Verzicht auf einen Hilfskanal die nötigen Kontrollen durch den Hauptkanal mitbesorgen lassen; ein gesonderter Hilfskanal ist dann nicht mehr nötig.

Zur WT (als Beispiel eine WT zu 200 Baud gewählt, Abb. 26 unten): Die vom Ortskreis kommenden Gleichstrom-Doppelstromzeichen werden auf Wechselstrom umgesetzt (Frequenzmodulation). Ähnlich wie beim Modem sind Oberwellen – insbesonders wenn sie in das Frequenzspektrum anderer WT-Kanäle fallen – unerwünscht und müssen im Sendefilter abgeschieden werden. Hinter dem Sendefilter erfolgt die Parallelschaltung aller 6 auf einer WT-Grundleitung liegenden Datenkanäle, dann folgt die Fernstrecke, welche meist eine Vierdrahtleitung ist. Auf der Empfangsseite trennen zunächst 6 Empfangsfilter die 6 Datenkanäle voneinander, dann folgt ein Empfangsverstärker, anschließend die Demodulation von Wechselstrom auf Gleich-Doppelstrom und die Weitergabe der Gleichstromzeichen an den Ortskreis.

Auch im WT-Betrieb ist ähnlich wie beim Modem-Betrieb vom CCITT eine „Pegelabsenkung" empfohlen.

Eine völlig exakte Trennung der Begriffe „Modem-Betrieb" und „WT-Betrieb" ist derzeit kaum mehr möglich, dementsprechend ist eine gemeinsame Übertragungstheorie entwickelbar:

Am einfachsten ist die Amplitudenmodulation (Abb. 27 oben); wird von der Lokalseite her „minus" gegeben, so wird an die Fernleitung überhaupt keine Spannung angelegt, bei „plus" an der Lokalseite erfolgt dagegen die Einsendung von Wechselstrom; im gezeichneten Beispiel 600 Hz. Abb. 27 (links Mitte) deutet an, daß das Anlegen bzw. Abschalten von Wechselstrom z. B. durch ein mechanisches Relais erfolgen kann, wobei zu bemerken ist, daß 200 Baud als obere Grenze für die Elektromechanik anzusehen sind, es kommen – insbesonders bei höheren Geschwindigkeiten – elektronische Relais oder Schwingkreise, welche die „Trägerspannung" (im vorliegenden Fall mit einer Frequenz von 600 Hz) nur dann abgeben, wenn von der Gleichstromseite her eine Plusspannung anliegt. Erwähnenswert ist, daß für die 200-Baud-WT die Amplitudenmodulation und die weiter unten gebrachte Phasenmodulation keine Regelausführungen darstellen, wohl aber die Frequenzmodulation (Abb. 27 Mitte). Hier stehen im vorliegenden Beispiel 2 Frequenzen, und zwar 600 Hz + 120 Hz = 720 Hz und 600 Hz – 120 Hz = 480 Hz zur Verfügung. Die höhere Frequenz liegt an der Leitung, wenn minus von der Lokalseite kommt, die tiefere bei plus an der Lokalseite.

Als Vertreterin der „Phasenmodulationsarten" ist in Abb. 27 (unten) lediglich die „Phasendifferenzmodulation" berücksichtigt, weil derzeit nur sie für CCITT-mäßig genormte Datenübertragungen verwendet wird. Nur als Symbol (um eine möglichst anschauliche Erklärung zu erleichtern) ist im Bild ein

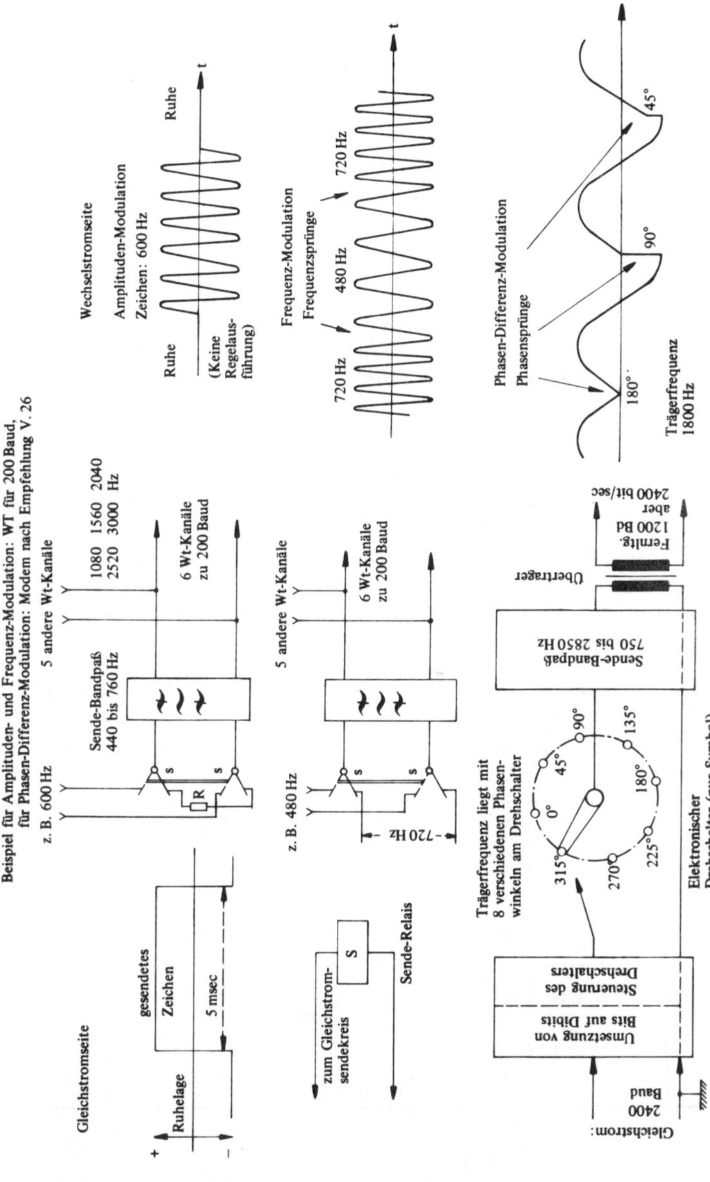

Abb. 27: Modulationsarten

„elektronischer Drehschalter“ eingeführt. Dieser hat Zugriff zu 8 Segmenten; an jedem Segment liegt die Trägerschwingung mit derselben Frequenz (z. B. 1800 Hz) an, aber sie ist gegenüber dem vorhergehenden Segment immer um 45 Grad (oder $\pi/4$) phasenverschoben. Derartige Systeme arbeiten oft mehrwertig mit Dibits (vgl. diesbezüglich Abb. 16, dort ist die Steuerung einer Amplitudenmodulation durch Dibits dargestellt) oder sogar mit Tribits.

Für Dibitbetrieb sind zwei Ausführungsformen (A und B) – vgl. die folgende Übersicht – genormt. Langt z. B. bei einem Modem, welcher nach der Variante A arbeitet, ein Dibit mit der Folge 11 ein, so entspricht dieser Folge im Sinne der genannten Tabelle eine Phasendrehung um 180 Grad, der elektronische Drehschalter muß somit um 4 Segmente weitergeschaltet werden, dann sendet er die gewünschte neue Phasenlage. Die Bildung von Dibits bzw. Tribits erfolgt elektronisch aus dem Zeichenstrom, welchen die Schnittstellenleitung liefert. Ebenso erfolgt die nötige Phasendrehung elektronisch – auf Einzelheiten einzugehen, würde zu weit führen. Die folgende Übersicht zeigt die Phasendrehungen, welche den verschiedenen Dibits bzw. Tribits entsprechen.

Für die 4wertige (Dibit-)Steuerung gibt es, wie erwähnt, zwei Alternativen (A und B), wobei jede ihre Verfechter hat, es scheint sich aber jetzt die Alternative B durchzusetzen. Für

Nach CCITT V. 26 4wertig, Steuerung durch Dibits			Nach ISO/TC 97/SC 6 Dokument 665 Annex 2 8wertig, Steuerung durch Tribits							
Dibit	Phasen-Änderung		Phasen-Änderung							
	Alternative A	Alternative B	Konventionell				Modifiziert			
			Tribit		Tribit		Tribit		Tribit	
00	0°	+ 45°	001	0°	111	180°	001	0°	111	135°
01	+ 90°	+135°	000	45°	110	225°	000	315°	110	180°
11	+180°	+225°	010	90°	100	270°	010	45°	100	270°
10	+270°	+315°	011	135°	101	315°	011	90°	101	225°
			Außerdem soll noch bei Änderungen des Phasenwinkels um ein ungeradzahliges Vielfach von 45 Grad zusätzlich noch eine Amplitudenänderung erfolgen.							

die 8wertige (Tribit-)Steuerung gibt es, wie ebenfalls in der Übersicht enthalten, die „konventionelle" und die „modifizierte" Form, Vor- und Nachteile werden noch geprüft, es scheint derzeit die „konventionelle" etwas günstiger zu sein.

Zurückkommend auf die reinen „Binärsignale" sei noch die folgende, auf der CCITT-Empfehlung V. 1 beruhende Zusammenfassung gebracht:

Zusammenfassung von Äquivalenzen

		Ziffer 0 Zustand A	Ziffer 1 Zustand Z
Gleich-strom-betrieb	Doppelstrom	negativ	positiv
	Einfachstrom	Kein Strom	Strom
Wechselstrombetrieb	Amplituden-modulation	Kein Ton	Ton
	Frequenz-modulation	Hohe Frequenz	Tiefe Frequenz
	Phasendifferenz-modulation	Phasendrehung um 180° *)	Keine Phasendrehung*)
	Phasenmodula-tion mit Bezugsphase**)	Gegenphase	Bezugsphase
	Lochung von Datenträgern	Keine Lochung	Lochung
	Im Start-Stop-Code	Start-Signal	Stop-Signal
		„Space" = Zwischenraum	„Mark" = (Markierungs-)-Element

*) Für mehrwertige Modulation auch andere Phasendrehungen.
**) Derzeit in keiner, den V-Empfehlungen entsprechenden Ausführung verwendet.

Es gibt sich nun die Frage, welche Form modulierte Wechselströme am Ende einer Übertragungsstrecke aufweisen.

Als Ausgangsbasis kann die Fourier-Analyse von Gleichstromzeichen (Abb. 21) dienen – die für Doppelstrom gebrachten Gleichungen können auf Einfachstrombetrieb umgerechnet werden, und man erhält dann folgende allgemeine Grundform:

$$u = U_g [x_0 + x_1 \sin(\omega t + \varphi_1) + x_2 \sin(2\omega t + \varphi_2) + x_3 \sin(3\omega t + \varphi_3) + \ldots] = U_g [x_0 + \sum_{n=1}^{n=\infty} x_n \sin(n\omega t + \varphi_n)] .$$

Dabei bedeuten x_0, x_1, x_2, x_3, x_j bzw. $\varphi_1, \varphi_2, \varphi_3, \varphi_j$ irgendwelche, mittels Fourieranalyse aus der gegebenen Signalform ermittelbare Koeffizienten bzw. Phasenwinkel.

Es wird nun statt der Gleichstromspannung U_g eine Wechselstromspannung, welche durch die Gleichung $\hat{U} \cdot \sin \Omega t$ beschrieben ist, durch die Modulationseinrichtung getastet. Dann ist in der obigen Gleichung U_g durch den Ausdruck $\hat{U} \sin \Omega t$ zu ersetzen, und es ergibt sich:

$$u = \hat{U} \sin \Omega t [x_0 + x_1 \sin(\omega t + \varphi_1) + x_2 \sin(2\omega t + \varphi_2) + x_3 \sin(3\omega t + \varphi_3) + \ldots] =$$

$$= \hat{U} [x_0 \sin \Omega t + x_1 \sin \Omega t \cdot \sin(\omega t + \varphi_1) + x_2 \sin \Omega t \cdot \sin(2\omega t + \varphi_2) + \ldots] =$$

$$= \hat{U} \Big\{ x_0 \sin \Omega t + \frac{x_1}{2} \cos[(\Omega - \omega) t - \varphi_1] - \frac{x_1}{2} \cos[(\Omega + \omega) t + \varphi_2] + \frac{x_2}{2} \cos[(\Omega - 2\omega) t - \varphi_2] -$$

$$- \frac{x_2}{2} \cos[(\Omega + 2\omega)t + \varphi_2] + \ldots \Big\} =$$

$$= \hat{U} \Big\{ x_0 \sin \Omega t + \sum_{n=1}^{n=\infty} \frac{x_n}{2} \cos[(\Omega - n\omega)t - \varphi_n] -$$

$$- \sum_{n=1}^{n=\infty} \frac{x_n}{2} \cos[(\Omega + n\omega)t + \varphi_n] \Big\}.$$

Meist wird nun der Wechselstrom nicht mit „absolut harten" rechteckigen Gleichstromsignalen moduliert, sondern mit etwas abgeflachten, so daß Oberwellen sehr hoher Ordnung unterdrückt werden, die Ordnungszahl n der Oberwellen läuft dann nicht mehr bis ∞, sondern bis zu einem n_{max}, entsprechend der Bedingung $n_{max} \cdot \omega < \Omega$ bzw. $n_{max} < \frac{\Omega}{\omega}$. Dann ergibt sich eine etwas geänderte Form der obigen Gleichung:

$$u = \underbrace{\hat{U} \cdot x_0 \sin \Omega t}_{\text{Träger-schwingung}} + \frac{\hat{U}}{2} \sum_{n=1}^{n=n_{max}} \underbrace{x_n \cos[(\Omega - n\omega)t - \varphi_n]}_{\text{Schwingungen des unteren „Seitenbandes"}} +$$

$$- \frac{\hat{U}}{2} \sum_{n=1}^{n=n_{max}} \underbrace{x_n \cos[(\Omega + n\omega)t + \varphi_n]}_{\text{Schwingungen des oberen „Seitenbandes"}}$$

Oder in Worten: Über den Übertragungskanal laufen:

a) Die Trägerschwingung.

b) Die Schwingungen des unteren Seitenbandes.

c) Die Schwingungen des oberen Seitenbandes.

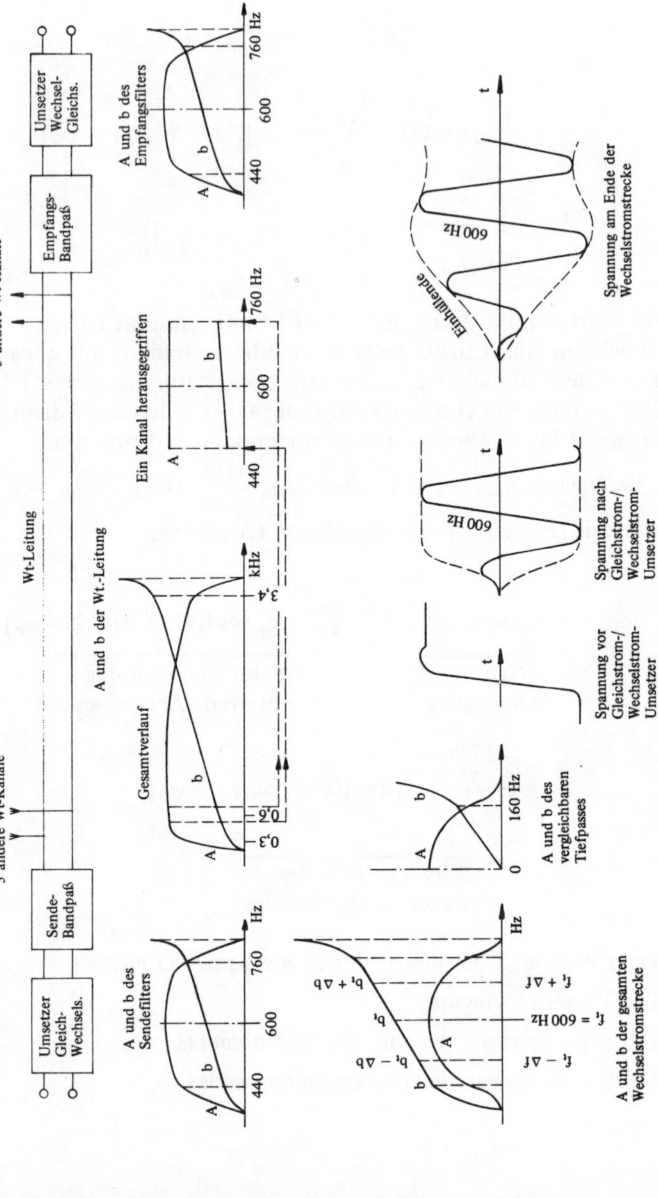

Abb. 28: Einschwingvorgänge bei Amplitudenmodulation symmetrische Übertragungsstrecke

Man kann nun das Frequenzband des Übertragungskanals derart gestalten, daß alle drei genannten Schwingungsgruppen übertragen werden, man spricht dann von einer „Zweiseitenbandübertragung". Überträgt man nur ein Seitenband (ohne Träger), so heißt dies „Einseitenbandübertragung".

Wird endlich nur ein Seitenband voll übertragen, das andere nur zum Teil (wobei sehr oft auch der Träger schon erheblich gedämpft ist), so nennt man dies eine „Restseitenbandübertragung".

Kennt man nun den Dämpfungsverlauf bzw. den Verlauf des Phasenmaßes des Übertragungskanals, so läßt sich für jede Teilschwingung die am fernen Ende auftretende Schwingung bestimmen, die Summe dieser Teilschwingungen ergibt das Endsignal.

Vereinfachte Bedingungen ergeben sich dann, wenn die für eine Übertragungsstrecke charakteristischen Parameter $A = e^{-a}$ und b beiderseits der Trägerfrequenz f_t symmetrisch aufgebaut sind (vgl. Abb. 28 links Mitte). Abb. 28 (oberer Teil) zeigt außerdem, an Hand eines 200-Baud-WT-Kanals, daß dieser Fall eine ziemlich hohe Häufigkeit besitzt: Sende- und Empfangsfilter der Übertragungsstrecke besitzen von Haus aus sehr oft einen symmetrischen Verlauf. Die WT-Fernleitung selbst wird wohl selten genau symmetrisch sein, doch wird für die Datenübertragung oft nur ein Frequenzband herausgegriffen, in dem A und b einen geradlinigen Verlauf zeigen.

Für die gesamte Wechselstromstrecke ergibt sich der links dargestellte symmetrische Verlauf von A und b. Danach haben die Teilschwingungen, welche eine Oberwelle des ursprünglichen Signals im unteren bzw. oberen Seitenband hervorrufen, den gleichen Übertragungsfaktor A_n, die Phasenverschiebung dagegen beträgt im unteren Band $b_t - \Delta b_n$, am oberen Band dagegen $b_t + \Delta b_n$, wobei b_t die Phasenverschiebung für den Träger und Δb_n die Abweichung davon bedeutet.

Dann ergibt sich für die n-te Oberwelle folgende Übersicht:

	Am Beginn der Übertragungsstrecke	Am Ende der Übertragungsstrecke
unteres Seitenband	$\frac{\hat{U}}{2} x_n \cos[(\Omega - n\omega) t - \varphi_n]$	$\frac{\hat{U}}{2} x_n A_n \cos[(\Omega - n\omega) t - \varphi_n - b_t + \Delta b_n]$
oberes Seitenband	$-\frac{\hat{U}}{2} x_n \cos[(\Omega + n\omega) t + \varphi_n]$	$-\frac{\hat{U}}{2} x_n A_n \cos[(\Omega + n\omega) t + \varphi_n - b_t - \Delta b_n]$

Vereinigt man wieder das untere und das obere Seitenband, so folgt:

$$u_e = \frac{\hat{U}}{2} x_n A_n \cos[(\Omega - n\omega) t - \varphi_n - b_t + \Delta t_n] -$$

$$- \frac{\hat{U}}{2} x_n A_n \cos[(\Omega + n\omega) t + \varphi_n - b_t - \Delta b_n] =$$

$$= \hat{U} x_n A_n \sin(\Omega t - b_t) \cdot \sin(n\omega t + \varphi_n - \Delta b_n) .$$

Berücksichtigt man nun sämtliche übertragenen Oberwellen und zudem auch die Grundwelle, so ergibt sich die Zeichenform am Ende der Wechselstromstrecke:

$$u_e = \hat{U} \sin(\Omega t - b_t) \times$$

$$\times \left[x_0 A_0 + \sum_{n=1}^{n=n_{max}} x_n A_n \sin(n\omega t + \varphi_n - \Delta b_n) \right] .$$

Das Ergebnis dieser Gleichung ist in Abb. 28 (rechts unten) dargestellt, es handelt sich um eine Schwingung mit der Kreisfrequenz Ω, welche im Sinne des oben in eckiger Klammer stehenden Ausdruckes moduliert ist. Ihre Einhüllende erhält man, wenn man nur die Maxima bzw. Minima der Trägerschwingung betrachtet, also $\sin(\Omega t - b_t) = \pm 1$ setzt, dann folgt:

$$u_{e-hüll} = \pm \hat{U} \left[x_0 A_0 + \right.$$

$$\left. + \sum_{n=1}^{n=n_{max}} x_n A_x \sin(n\omega t + \varphi_n - \Delta b_n) \right] .$$

Man kann nun der betrachteten symmetrischen Wechselstromstrecke (Eigenschaften: Siehe Abb. 28 – links unten) eine Gleichstromstrecke (Eigenschaften daneben gezeichnet) wie folgt gegenüberstellen:

Wechselstromstrecke	Gleichstromstrecke
Trägerfrequenz f_t	Frequenz 0 . . . Gleichstrom-komponente
halbe Bandbreite Δf	f_0
Übertragungsfaktor A_n	Übertragungsfaktor A_n
Abweichung des Phasenmaßes vom mittleren Phasenmaß Δb	Phasenmaß b
Phasenmaß des Trägers b_t	Phasenmaß der Frequenz 0 ist gleich 0
Bandpaß-symmetrisch zur Trägerfrequenz	„Vergleichbarer Tiefpaß"

Rechnet man nun eine rein gleichstrommäßige Übertragung des angenommenen Eingangssignals

$$u_a = U_g \left[x_0 + \sum_{n=1}^{n=n_{max}} x_n \sin(n\omega t + \varphi_n)\right]$$

über den vergleichbaren Tiefpaß durch, so folgt:

$$u_e = U_g \left[x_0 A_0 + \sum_{n=1}^{n=n_{max}} x_n A_n \sin(n\omega t + \varphi_n - b_n)\right]$$

somit genau dieselbe Gleichung wie für $u_{e-\text{hüll}}$, nur tritt statt $\pm \hat{U}$ die Größe U_g auf.

Man kann nun jede symmetrische Wechselstromübertragungsstrecke auf einen vergleichbaren Tiefpaß reduzieren, kennt man dessen Gleichstrom-Einschwingkurven, so kennt man auch die Hüllkurven der entsprechenden Wechselstromsignale. Somit ist die gesamte unter Abschnitt 3.2 gebrachte Gleichstromtheorie auf symmetrische Wechselstromübertragungsstrecken mit Amplitudenmodulation übertragbar. Das hierfür bei Wechselstrom benötigte Frequenzband ist, wie Abb. 28 deutlich zeigt, doppelt so breit als das Gleichstromband.

Insbesonders geht die Grenzbeziehung für die Schrittgeschwindigkeit in Baud

$$v_{S\,max} = 2\,f_0 \quad \text{(gültig für Gleichstromtiefpaß)}$$

über in

$$v_{S\,max} = 2\,\Delta f = \text{Bandbreite}$$

(gültig für symmetrischen Bandpaß bei 2-Seitenbandübertragung) .

Auch hier ist man gezwungen, dieser Grenzwertformel eine praktische Formel $v_D = h_w \cdot \text{Bandbreite}$ gegenüberzustellen. (Werte für h_w etwas weiter unten.)

Die Phasenmodulation läßt sich relativ einfach auf die Amplitudenmodulation zurückführen: Es sei eine Schwingung durch die Gleichung $u = \hat{U} \sin \Omega t$ gegeben, diese soll – durch einen Phasensprung – in eine andere, entsprechend der Gleichung $u' = \hat{U} \sin(\Omega t + \varphi)$ überführt werden. Man kann diesen Vorgang dadurch bewirken, daß man eine neue Schwingung aufdrückt, welche der ursprünglichen Schwingung gerade entgegenwirkt, also sie auslöscht und ferner die erwünschte Schwingung mit geänderter Phase hinzufügt; diese beiden Schwingungen lassen sich aber in eine einzige, der ursprünglichen zusätzlich aufgedrückten Spannung (u_z) vereinigen:

$$u_z = -\hat{U} \sin \Omega t + \hat{U} \sin(\Omega t + \varphi) =$$

$$= 2\,\hat{U} \sin \frac{\varphi}{2} \cos\left(\Omega t + \frac{\varphi}{2}\right) .$$

Diese neue mit der Amplitude $2\,\hat{U} \sin \frac{\varphi}{2}$ auftretende Schwingung kann man nun so behandeln, als ob die Amplitudenmodulation vorliege.

Auch für Frequenzmodulation ist unter der Voraussetzung einer symmetrischen Wechselstromstrecke und der Annahme, daß sowohl tiefere Frequenz als auch die höhere Frequenz von der Mittelfrequenz der Wechselstromstrecke gleich weit entfernt liegen, eine Rückführung auf die Amplitudenmodulation zu erzielen, nur ist die Umformung wesentlich länger und kann hier nicht gebracht werden.

Hinsichtlich der Frequenzbandausnützung ist die Frequenzmodulation der Amplitudenmodulation gleichwertig, zudem ist sie etwas weniger störanfällig.

Unsymmetrische Frequenzbandausnutzung (Einseitenbandübertragung oder Restseitenbandübertragung) lassen sich allerdings nicht mehr so einfach behandeln. Es zeigt sich, daß sie höhere Schrittgeschwindigkeiten (theoretisch bis zur doppelten der Zweiseitenbandübertragung) zulassen, allerdings treten am Empfänger zusätzliche Entzerrungsprobleme – insbesonders hinsichtlich der Laufzeiten auf; derzeit wird bei Modems nur in wenigen Ausführungsformen, bei WT überhaupt nicht, davon Gebrauch gemacht.

Hinsichtlich ungefährer Zahlenwerte des Hilfsfaktors h_w, der im Zusammenklang mit der Wertigkeit einer Übertragung ein Maß für die effektiv erreichte Frequenzbandausnutzung darstellt, wird auf Grund praktischer Ausführungen folgende Übersicht (s. S. 95) gegeben.

Abb. 29 gibt einen Überblick über derzeit zwischenstaatlich genormter Modems (bzw. von Modems, deren Normung in Diskussion steht):

Zunächst ist für Vergleichszwecke das Frequenzschema der bereits mehrmals erwähnten 200-Baud-WT dargestellt, anschließend die Parallelübertragung nach V. 30, welche ebenfalls das Fernsprechband in mehrere (im vorliegenden Fall 12) parallel betriebene Datenkanäle aufteilt, zudem kann noch ein Rückkanal vorgesehen werden. Das System hat sich als sehr betriebssicher erwiesen, dies ist zum Teil auch darauf zurückführbar, daß die Aufteilung eines Fernsprechbandes in viele Datenkanäle für die einzelnen Datenkanäle sehr gute Symmetriebedingungen ergibt, was die Laufzeit- und Entzerrungsprobleme wesentlich entschärft. Allerdings wird die Übertragungsgeschwindigkeit – das Parallelsystem arbeitet mit dem bescheidenen Wert von 40 Baud – von den Seriensystemen wesentlich übertroffen.

Art der Frequenzbandbelegung	Betriebsbedingungen	$h_W = \frac{v_S}{\text{Bandbreite}}$
Zweiseitenband-Übertragung mit Amplituden – oder Frequenzmodulation, 2wertig	Zusammenschaltung vieler Teilstrecken in digitalen Wählnetzen	0,625 bis 0,31 (Extremwert)
	Digitale Punkt-zu-Punkt-Verbindungen mit fast gleichbleibender Übertragungsstrecke	0,93
	Modem im Fernsprechwählnetz	0,75
4-Phasendifferenz-Modulation	Öffentliches Fernsprechwählnetz – aber nicht in allen Fällen, ferner Mietleitungen	0,57
8-Phasendifferenz-Modulation	Auf Mietleitungen im reinen Vierdrahtbetrieb	0,5 bis 0,66
4- und höherwertige Amplitudenmodulation. Einseitenband mit Restband, ferner Piloten, die außerhalb des Nutzbandes liegen		1,00 bis 1,33

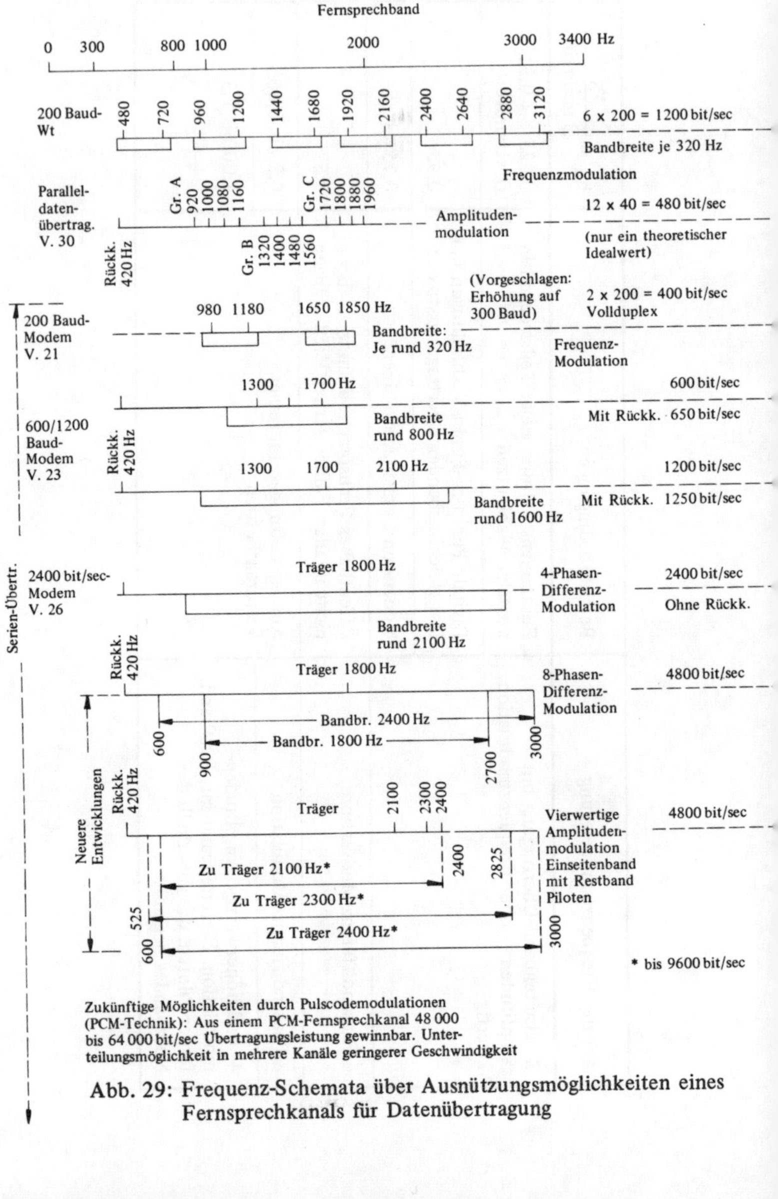

Abb. 29: Frequenz-Schemata über Ausnützungsmöglichkeiten eines Fernsprechkanals für Datenübertragung

Die für die 12 parallelen Kanäle theoretisch in Abb. 29 ausgewiesene Leistung von 12 x 40 = 480 bits/s ist zudem nur ein Idealwert, denn die Kanäle werden betrieblich nicht voneinander unabhängig beschickt, vielmehr werden sie in 3 Gruppen (A, B, C) zu je 4 Kanälen unterteilt. In jeder Gruppe wird nur jeweils eine Frequenz gesendet. Im allereinfachsten Fall wird nur numerisch mittels der Gruppen A und C gearbeitet, wodurch sich ein Zeichenvorrat von $4^2 = 16$ ergibt, eine Frequenzkombination wird für den Zwischenraum benötigt, so daß 15 Kombinationen nutzbar erscheinen. Wird alpha-numerisch mit allen drei Kanälen gearbeitet, so beträgt der Gesamt-Zeichenvorrat $4^3 = 64$, abzüglich einer Kombination für den Zwischenraum ergibt sich 63. Für einfache Betriebsbedingungen (z. B. Einbeziehung von Bestellungen durch eine Zentralstelle) hat sich das System gut bewährt, insbesonders weil die Außenstellen sehr preisgünstig gestaltet werden können. Die Informationsrichtung Außenstelle – Zentrale erfolgt mittels des Paralleldatensystems, während die Gegenrichtung durch (allenfalls künstlich erzeugte) Sprache versorgt wird; in den Außenstellen ist zu diesem Zweck ein Lautsprecher vorhanden. Während der Sendung von einer Außenstelle zur Zentrale kann bei Auftreten von Fehlern u. dgl. die Zentrale über den Rückkanal tonfrequente Zeichen geben.

Abb. 29 bringt anschließend einige Serien-Modems:

Das Modem V. 21 arbeitet in Vollduplexbetrieb mit Frequenzmodulation, das folgende Modem V. 23 (vgl. auch Abb. 26) ist – je nach Güte des Übertragungsweges – entweder mit 600 oder 1200 Bauds zu betreiben. Alle bisher genannten Modems sind bereits seit längerer Zeit sowohl für das öffentliche Fernsprechnetz als auch für gemietete Leitungen zugelassen. Neu hinzu kam die Zulassung von Modems nach V. 26 (2400 bit/sec; bei Schwierigkeiten auf der Übertragungsstrecke ist eine Reduktion auf 1200 bit/sec vorgesehen). Bisher waren Modems nach V. 26 nur für Mietleitungen bestimmt; sie arbeiten mit Vierphasen-Differenzmodulation (vgl. auch die etwas weiter vorn im theoretischen Teil gebrachte Tabelle).

Hinsichtlich Neuentwicklungen von Modems, welche über die Geschwindigkeit von 2400 bit/sec hinausgehen, sei erwähnt: Derzeit arbeitet man bei der ISO an der Normung von Modems für 4800 bit/sec, wobei sowohl eine 8-Phasendifferenz-Modulation (Abb. 29, 8. Zeile – vgl. auch die diesbezüglich im theoretischen Teil bereits gebrachte Tabelle) als auch eine mehrwertige Amplitudenmodulation nach dem Restseitenbandverfahren, ferner mit einem oder mit zwei Pegelpiloten (Abb. 29, 9. Zeile) in Betracht gezogen werden.

Diese Neuentwicklungen beinhalten bereits ein Vordringen zu noch höheren Geschwindigkeiten, und zwar 5400, 7200 und 9600 bit/sec. Dabei werden „einstellbare" oder auch „automatische" Entzerrer eingesetzt, um einen möglichst breiten Teil des Fernsprechfrequenzbandes ausnützen zu können.

Auch der Betrieb von mehreren Datenkanälen pro Modem ist vorgesehen. So werden z. B. für ein Modem für 9600 bit/sec folgende Ausführungsformen angeboten: Einkanalausführung: 1 x 9600 bit/sec; Zweikanalausführung: 2 x 4800 bit/sec; Vierkanalausführung 4 x 2400 bit/sec; Mischkanalausführung: 1 x 4800 bit/sec und 2 x 2400 bit/sec.

Hinsichtlich Modems für noch höhere Geschwindigkeiten sei ausgeführt: Für eine Geschwindigkeit von 48 000 bit/sec besteht bereits die CCITT-Norm V. 35; es wird dabei eine ganze Fernsprech-Primärgruppe (vgl. Abschnitt 2.5) mit einer Bandbreite von 48 kHz für Zwecke der Datenübertragung verwendet.

Darüber hinaus sind (noch nicht) genormte Modems bereits auf dem Markt, so ein Modem für 19 200 bit/sec – bestimmt für unbespulte Kabelleitungen und eines bis 230 000 bit/sec – ausdehnbar sogar auf 10^6 bit/sec – entwickelt für unbespulte Kabeldoppelleitungen und Koaxialkabel.

Derartige Modems sind von vornherein nur für Mietleitungen gedacht, aber auch hier spielen Zulassungsbedingungen, welche von den einzelnen Fernsprechverwaltungen gestellt werden, eine große Rolle. Vor allem muß das Nebensprechen in Anschlußkabeln bisheriger Bauart berücksichtigt werden. Deshalb herrscht bei manchen Fernmeldeverwaltungen die Tendenz vor, die hohen Frequenzen in Anschlußkabeln nur für den eigenen Betrieb zu verwenden; Mietleitungen aber auf 3,4 kHz (mit Sondergenehmigung etwa 6 kHz) zu beschränken.

Allerdings gibt es technische Möglichkeiten (vgl. Abschnitt 2.8), in neuverlegten Ortskabeln das Nebensprechen wesentlich herabzusetzen – wobei neben den Belangen der Datenübertragung auch die des immer weitergreifenden Fernsehens zu berücksichtigen sind. Es sind somit interessante Weiterentwicklungen zu erwarten, wobei die im Abschnitt 3.5 beschriebene Zeit-Vielfachausnützung der Leitungen eine große Rolle spielen dürfte.

Die Normung für Schnittstellenleitungen (vergl. folgender Abschnitt) befaßt sich bereits mit Geschwindigkeiten bis 10 Mbit/s

3.4 Schnittstellenleitungen

Wie bereits in Abb. 16 angedeutet, stellen Schnittstellenleitungen lokale Verbindungen – in der Regel handelt es sich um Kabellängen unter 15 m – dar. Maßgebend ist hierfür die CCITT-Empfehlung V. 24.

Hier sind 2 Serien von Schnittstellenleitungen vorgesehen, jede Schnittstellenleitungsart besitzt eine 3stellige Bezeichnungsnummer, die erste (für allgemeine Anwendung bestimmte) Serie ist durch Nummern von 101 aufwärts (derzeit bis 134) gekennzeichnet, die zweite (für automatischen Ruf bestimmte) hat die Nummer von 201 aufwärts (derzeit bis 213).

Allerdings wird diese große Anzahl von Schnittstellenleitungen gleichzeitig kaum gebraucht, es sind deutlich Tendenzen wahrnehmbar, welche auf eine Reduzierung ihrer Zahl hinzielen. Daher sind in der Tabelle I nur solche Schnittstellenleitungen aufgenommen worden, welche nach den letzten ISO-Dokumenten als besonders wichtig bezeichnet werden. Schnittstellenleitungen mit Nummern über 200 erscheinen unter den „wichtigen" überhaupt nicht mehr auf.

Tabelle I: Schnittstellenleitungen

Nummer nach CCITT V. 24	Richtung: Datenend-gerät — Datenübertrag.-einrichtung	Bezeichnung bzw. Funktion	Für genormte Modems: V. 21 2 x 200 Bd Duplex	Für genormte Modems: V. 23 600/1200 Bd allf. Hilfsk.	Für genormte Modems: V. 26 2400 bit/sec allf. Hilfsk.	Für genormte Modems: V. 35 48 kbit/sec	Für künftige Datennetze ISO-Vorschlag ISO/TC 97/SC 6 Dokument 561: Start-Stop	Für künftige Datennetze ISO-Vorschlag ISO/TC 97/SC 6 Dokument 561: synchr.	Bemerkungen
1	2	3	4	5	6	7	8	9	10
101		Schutzerde	a	a	a	a	a	a	a) Kann – entsprechend lokalen Sicherheitsbestimmungen – weggelassen werden. b) Zusätzliche Vorschläge nach Dokument ISO/TC 97/SC 6 Nr. 665. c) Technisch hochwertigere Ausführung als nach V. 24 (z. B. Doppelleitung). d) Für höhere Geschwindigkeiten vor-
102		Betriebserde	X	X	X	X	X	X	
103	→	Sendedaten	X	X	X	c	X	d	
104	←	Empfangsdaten	X	X	X	c	X	d	
105	→	Sendeteil einschalten!	X	X	X	X			
106	←	Sendebereitschaftsmeldung	X	X	X	X			
107	←	Betriebsbereitschaftsmeldung	X	X	X	X			

109	←	Empfangsqualität (z. B. Pegel)	X	X	X	X			Zu Spalte 6: Die im Dokument ISO/ TC 97/SC 6 Nr. 665 als „wesentlich“ bezeichneten Schnittstellenltg. decken sich mit V. 26.
113	→	Sendeschrittakt (gegeb. v. Datenendeinrichtung)			X				
114	←	Sendeschrittakt (gegeb. v. Datenübertragungseinr.)		b	X	c			
115	←	Empfangsschrittakt (gegeb. v. Datenübertragungseinr.)		b	X	c			
118	→	Sendedaten in Hilfskanal		X	X				
119	←	Empfangsdaten vom Hilfskanal		X	X				
120	→	Sendeteil des Hilfskanals einschalten!		X	X				Grenzlinie für derzeit gültige „wesentliche“ Schnittstellenltg. ↓
121	←	Sendebereitschaftsmeldung für Hilfskanal		X	X				
122	←	Empfangsqualität im Hilfskanal (z. B. Pegel)		X	X				

Tabelle I: Schnittstellenleitungen (Fortsetzung)

Nummer nach CCITT V. 24	Richtung: Datenend-gerät – Datenübertrag.-einrichtung	Bezeichnung bzw. Funktion	Für genormte Modems: V. 21 2 x 200 Bd Duplex	V. 23 600/1200 Bd allf. Hilfsk.	V. 26 2400 bit/sec allf. Hilfsk.	V. 35 48 kbit/sec	Für künftige Datennetze ISO-Vorschlag ISO/TC 97/SC 6 Dokument 561: Start-Stop	synchr.	Bemerkungen
1	2	3	4	5	6	7	8	9	10
108/2	→	Datenendgerät betriebsbereit!	X	X					Darüber hinaus noch 28 seltener gebrauchte Schnittstellenltg. ↓
111	→	Höhere Übertragungs-geschwindigkeit einschalten!		X					
125	←	Ein Ruf aus dem Fern-netz kam an	X						
126	→	Hohe Sendefrequenzlage für die Fernleitung einschalten	X						

Einordnung in bisheriges Nummernsystem nicht völlig geklärt	→	Kontrollsignal, ausgehend v. Datenendgerät							X	Einschlägige Probleme noch nicht völlig geklärt
	←	Kontrollsignal, ausgehend von der Datenübertragungseinrichtung							X	
	←	Zeittakt für die Signalelemente, ausgehend von der Datenübertragungseinrichtung							X	
	←	Zeittakt für Rahmenbildung, ausgehend von der Datenübertragungseinrichtung (wenn vorgesehen)							X	

Technisches Übersichtsschema nach CCITT-Empfehlung V. 24

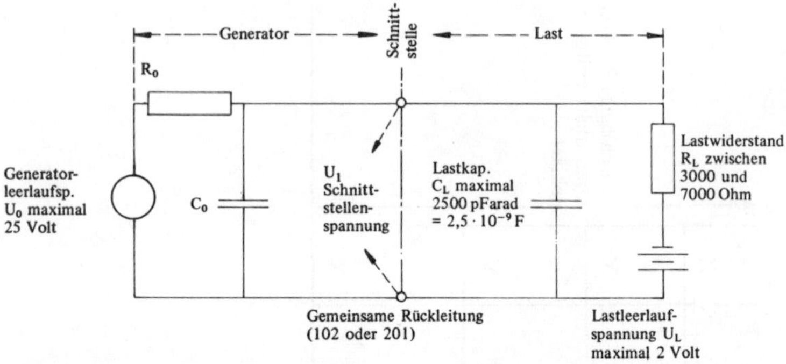

Die Schnittstellenspannung U_1 soll zwischen 5 und 15 Volt liegen, wenn $U_L = 0$ und R_L zwischen 3000 und 7000 Ohm liegt.
Spannungen unter 3 Volt (absolut), welche an der Schnittstelle auftreten, werden nicht als „Signal" gewertet.
Generatorkurzschlußstrom (auch bei Kurzschluß mit anderen Leitern): Max 0,5 Amp.
C_0 ist derart zu bemessen, daß der Generator $C_0 + C_L$ versorgen kann.

Aus diesen CCITT-Empfehlungen ergeben sich folgende Ungleichungen:

$$25 \text{ Volt} > U_0 > 5 \cdot 033 \text{ Volt}$$

$$3000\,\Omega \left(\frac{U_0}{5} - 1\right) > R_0 > 7000\,\Omega \left(\frac{U_0}{15} - 1\right)$$

Technisches Übersichtsschema nach Stockholmer CCITT-ISO-Tagung

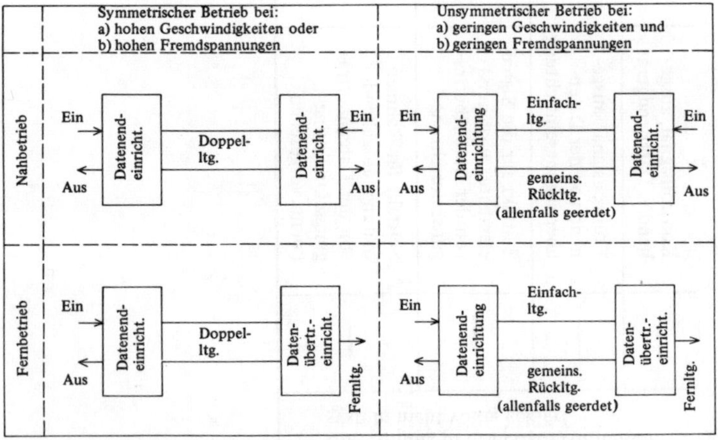

Abb. 30: Technische Empfehlungen für Schnittstellenleitungen unter Berücksichtigung der „Stockholmer CCITT/ISO-Tagung, Juni 1973"

Einige technische Richtwerte für Schnittstellenleitungen im Sinne der Stockholmer CCITT-ISO-Tagung

Berücksichtigte Tendenzen: Sehr hohe Geschwindigkeiten
Integrierte elektrische Bauelemente

	Symmetrische Leitungen	Unsymmetrische Leitungen
Anwendungsbereich: Geschwindigkeiten:	etwa 10 kbit/s – 10 Mbit/s (Für Daten und Zeittakt)	etwa 100 bit/s – 100 kbit/s (Für langsame Daten- und Zeittakt- sowie Steuerleitungen)
Vorhandene Störspannungen	relativ hoch	gering
Binärziffer 0	a- gegen b-Adern positiv	Leitung entweder positiv oder negativ gegen Erde.
Binärziffer 1	a- gegen b-Adern negativ	Entgegenges. Polarität
Generatorsp. (Volt)	a/b Max: $\lvert 6 \rvert$ Min: $\lvert 4 \rvert$	Geg. Erde: Max $\lvert 3 \rvert$ Min $\lvert 2 \rvert$
Spannungsbereich des Empfängers (Volt)	a- oder b-Ader gegen Erde	Leitung gegen Erde
	Mindest: $\lvert 0{,}2 \rvert$ üblicher Betriebswert: $\lvert 1 \rvert$ Höchstwert, bei dem der Empfänger noch nicht Schaden leiden darf: $\lvert 7 \rvert$	
Leitungsabschluß generatorseitig (Ohm)	Max: 100	Max: 50
Leitungsabschluß empfangsseitig (Ohm)	Max: 90	Max: 50
Wenn mehrere Empfänger parallel geschaltet: Mindestwiderstand eines Empfängers (Ohm)	Min: 4000	Min: 4000
Wenn mehrere Generatoren vorhanden. Widerstand eines außer Betrieb stehenden Generators (Ohm)	Min: 20 000	Min: 10 000
Faustformel für maximale Kabellänge (in m) Schrittgeschw. v_s in kbit/s	$\frac{86\,200}{v_s^{0,95}}$ ganz grob: $\frac{75\,000}{v_s}$	$\frac{1085}{v_s^{0,95}}$ ganz grob: $\frac{1200}{v_s}$
Wie oben, aber Schrittg. in Mbit/s	$\frac{122}{v_s^{0,95}}$ Vorsicht bei Geschwindigkeiten über 1 Mbit/s	
Übliche Höchstkabellänge: 1200 m gilt für Geschwindigkeitsbereich:	Unter 90 kbit/s	Unter 0,9 kbit/s
	Für sehr geringe Geschwindigkeiten und bei geringen Störspannungen kann jedoch die Kabellänge auf einige km ausgedehnt werden.	

Die oben gebrachten Faustformeln ergeben folgende ziffernmäßige Übersicht:

Geschwindigkeit		Richtwert für maximale Schnitt-stellen-Kabellänge in m
symmtr. Betrieb in Mbit/s	unsymm. Betrieb in kbit/s	
0,09	0,9	1200
0,1	1	1085
1	10	122
10	100	13,6

Für das Zusammenarbeiten mit den derzeit im Entstehen begriffenen Spezial-Datennetzen sollen nur wenige Schnittstellenleitungen verwendet werden – (wie ebenfalls in Tabelle I angedeutet). Ein schroffes Übergehen von den bisherigen Empfehlungen zu neuen soll vermieden werden, insbesonders soll die Weiterverwendung von Modems bzw. Datenendstellen, welche Schnittstellenleitungen im Sinne der bisherigen Empfehlungen besitzen, gesichert bleiben.

Die in Abb. 30 (unterer Teil) sowie auf Seite 105 gebrachten Ergebnisse der „Stockholmer CCITT-ISO-Tagung Juni 1973" stellen allerdings *vorläufig* nur die Grundlagen für weitere Normungsarbeiten dar.

Derzeit gilt noch für Geschwindigkeiten bis zu 20 000 bit/sec die CCITT-Empfehlung V. 24 (vgl. auch Abb. 30 – oberer Teil). Für höhere Geschwindigkeiten gilt noch der Anhang 4 der CCITT-Empfehlung V. 35.

3.5 Entwicklungstendenzen der Digital-Übertragung

Eine neuere Entwicklung, die Puls-Code-Modulations-Technik (PCM-Technik), kann vielleicht zu einer Neuorientierung der gesamten elektrischen Nachrichtentechnik führen. Während am Anfang dieser Entwicklung technische Probleme der Geheimhaltung standen, liegt jetzt der Schwerpunkt bei wirtschaftlichen Überlegungen mit folgenden Hauptpunkten:

1. Leitungen – vor allem Kabeladernpaare in den großen Ortsnetzen – welche wegen schlechter Nebensprecheigenschaften und hohem Störbelag sich für Trägersysteme bisheriger Bauart nicht recht eigneten, sollen im Fernsprechbetrieb trotzdem mehrfach ausgenützt werden.

2. Die wirtschaftliche „Technik der integrierten elektronischen Bausteine" soll stark einsetzbar sein.

3. Eine kostengünstige Kombination von Übertragungstechnik und Wähltechnik soll ermöglicht werden.

4. Über die reine Fernsprechtechnik hinaus sollen auch andere Dienste, wie Programmübertragung im Hörrundfunk und allgemeinem Fernsehen, industrielles Fernsehen und nicht zuletzt die Datenfernverarbeitung möglichst wirtschaftlich „mitversorgt" werden.

Die europäischen Fernmeldeverwaltungen einigten sich auf die Einführung des „PCM-Systems 30 + 2", das im folgenden kurz beschrieben wird: Im Gegensatz zur analogen Fernsprechtechnik, bei der im Sinne von Abb. 31 die volle von einem Mikrophon gelieferte Spannungskurve übertragen wird, begnügt man sich nunmehr, lediglich 8000 Proben/sec (oder alle 125 μsec eine Probe) aus der Spannungskurve zu entnehmen (vgl. Abb. 31 oben), die Proben zu übertragen und am fernen Ende daraus wieder eine Spannungskurve aufzubauen. Es läßt sich zeigen, daß dadurch alle im Ursprungs-Signal enthaltenen Frequenzen bis $\frac{8000}{2}$ = 4000 Hz übertragen werden. Die einzelnen Spannungsproben werden vor ihrer Übertragung „digitalisiert", das heißt in eine Folge von 8 Bit umgerechnet, wobei ein Bit die Polarität der Spannung angibt, die übrigen 7 Bit werden zum Aufbau einer Spannungsreihe, bestehend aus $2^7 = 128$ Werten verwendet, wobei – um der Empfindlichkeitskurve des menschlichen Ohrs zu entsprechen – der Abstand zweier niedriger Spannungswerte klein, während der Abstand höherer Spannungswerte wesentlich größer gewählt wird.

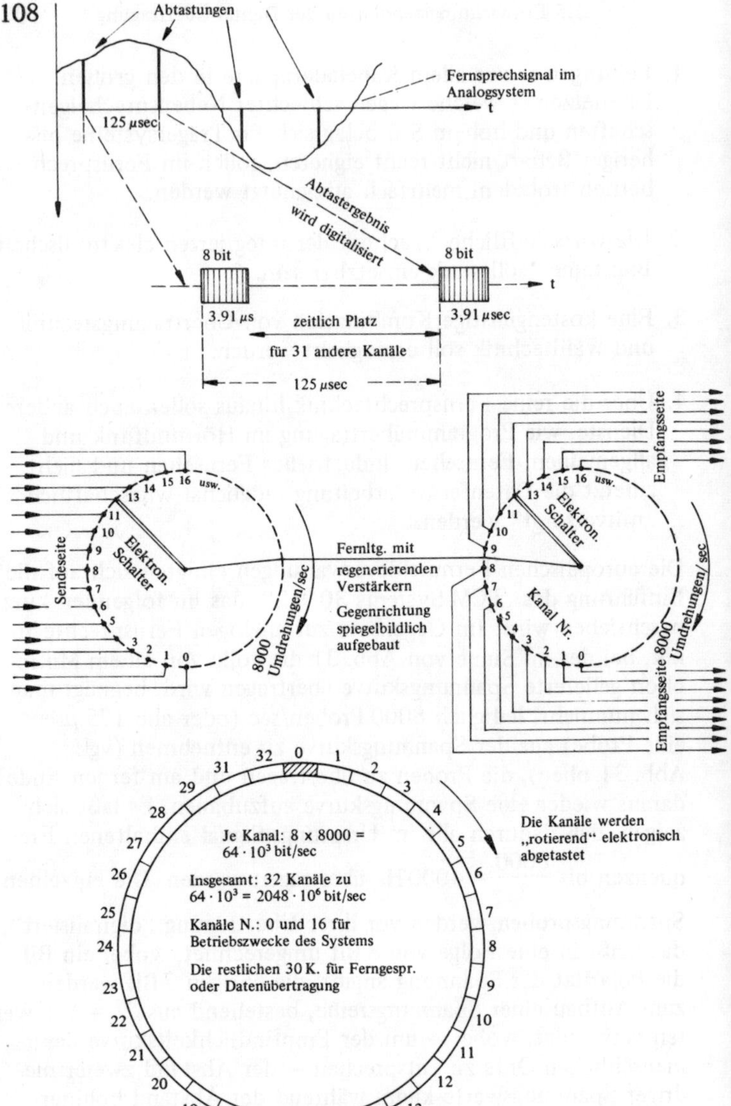

Abb. 31: Prinzip der Puls-Code-Modulations-Übertragung (PCM-Technik)

Die heutige sehr rasch arbeitende Elektronik gestattet es, die 8 Bit einer derartigen Spannungsprobe in einer Zeitspanne von nur 3,9 μsec in eine Hochfrequenz-Fernleitung einzugeben, so daß der Leitungseingang während 125 μsec – 3,9 μsec = = 121,1 μsec – noch frei bleibt (vgl. Abb. 31). Diese Zeit kann für 31 andere Kanäle zur Verfügung gestellt werden, die Zeit wird somit vielfach ausgenützt, man spricht daher von einem „Zeitvielfachsystem".

Ein „elektronisch rotierender Schalter" legt nun im Sinne von Abb. 31 (Mitte) in rascher Folge Kanal um Kanal an die Fernleitung. Da jeder Fernsprechkanal 8 x 8000 bit/sec benötigt und ferner 32 Kanäle nacheinander abgetastet werden, ergibt sich ein Informationsstrom von $8 \times 8000 \times 32 = 2{,}048 \cdot 10^6$ bit/sec. Dieser Informationsstrom erleidet durch die Fernleitung Verzerrungen und Dämpfungen, doch ist es möglich, durch „regenerierende" Verstärker (Abstand vgl. Abb. 32) die ursprüngliche Zeichenform fast völlig genau immer wieder herzustellen, wobei sich eine ziemliche Unempfindlichkeit gegen Fremdspannungen herausstellt. Am fernen Ende sorgt ein mit dem Sendeschalter entsprechend dem Phasenmaß der Übertragungsstrecke nacheilend-synchron rotierender Empfangsschalter für die Rück-Aufteilung dieses Bit-Stroms auf 32 Empfangskanäle. Die Gegenrichtung ist spiegelbildlich aufgebaut, es handelt sich somit um ein Vierdrahtsystem. Im Sinne der Ausführungen in Abschnitt 3.2 wird zur Übertragung eines Bitstroms von 2,048 Mbit/sec (oder bei rein binärer Übertragung 2,048 M.Baud) eine Mindestbandbreite von 2,048 : 2 = 1,024 MHz benötigt. Eine *hochwertige* Trägerstromleitung ist allerdings imstande, bei dieser Bandbreite mehr als 200 Kanäle zu übertragen, was gegenüber den genannten 32 PCM-Kanälen ein deutlicher Vorteil ist. Für hochwertige Grundleitungen kann sich daher die PCM-Technik nur dann durchsetzen, wenn die oben angeführten Punkte 2 bis 4 ausschlaggebend werden.

Die sich aus dem System ergebenden 32 PCM-Kanäle werden allerdings nicht voll als „Fernsprechnutzkanäle" verwendet, sondern es gilt folgende Aufteilung: Kanal Nr. 0 für Zwecke

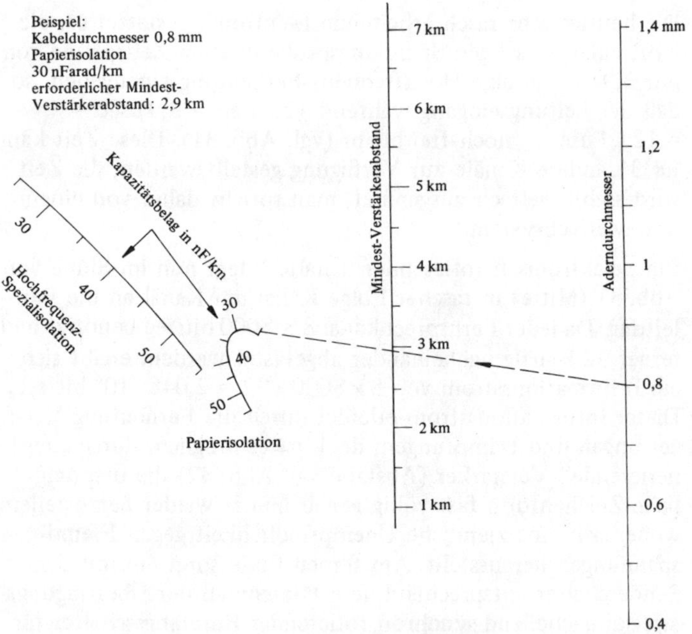

Abb. 32: Richtwerte über Mindestverstärkerabständen bei Einsatz des PCM-Systems für 30 + 2 Kanäle auf symmetrischen Doppeladern

der genauen Synchronisierung zwischen den elektronischen Sende- und Empfangsschaltern. Kanal 1–15 und 17–31: Fernsprechnutzkanäle. Kanal 16 dient zu Betriebszwecken dieser 30 Nutzkanäle, insbesonders im Wählverkehr für Verbindungsauf- und -abbau.

Auf der Fernstrecke wird nicht mit Gleich-Doppelstrom gearbeitet, sondern mit „pseudoternären" Signalen (vgl. Abb. 33). Dabei wird die Binärziffer „0" durch einen echten Nullwert der Spannung übertragen, während die Binärziffer „1" in abwechselnder Reihenfolge durch Spannungsimpulse von der Größe + 1, beim nächsten Impuls – 1, dann wieder + 1 usw.

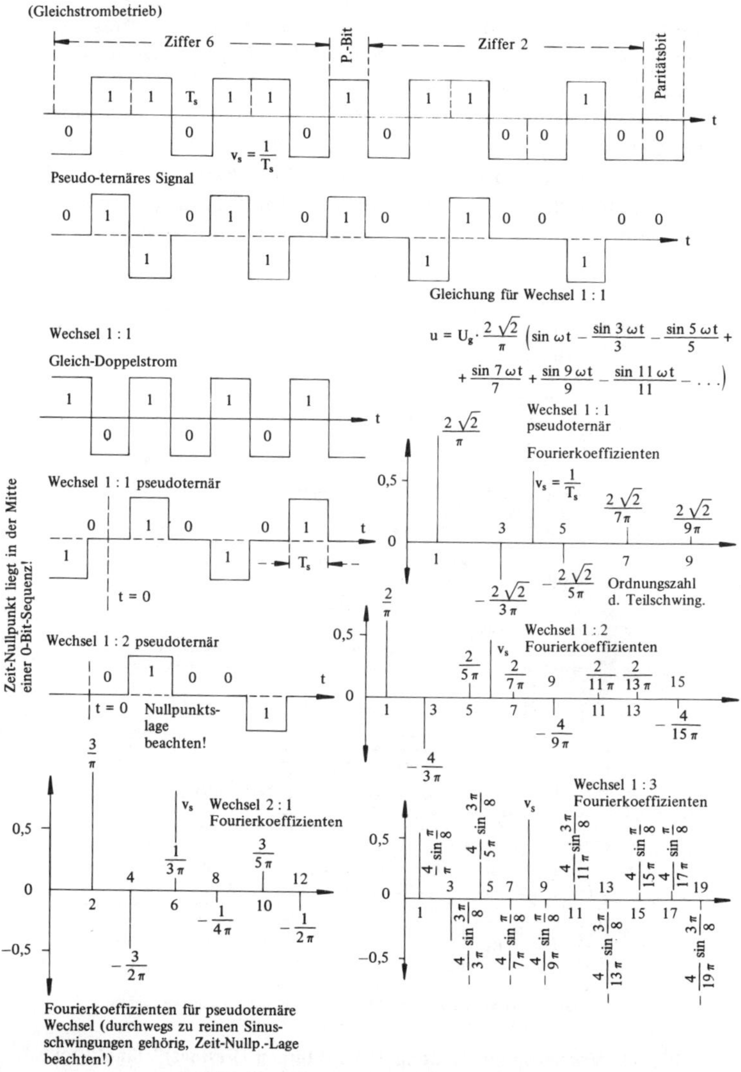

Abb. 33: Das pseudoternäre Signal

übertragen wird. Abb. 33 bringt als Beispiel die Übertragung der Zahl 62, ferner von Wechseln 1 : 1 und 1 : 2 sowie die Fourieranalyse von Wechseln 1 : 1, 1 : 2, 2 : 1 und 1 : 3. Da Pseudoternär-Signale sehr viele Flanken aufweisen, anderseits bei den derzeitigen Ortskabeladernpaaren die Oberwellen stark gedämpft sind, also bald vernachlässigbar werden, erscheint für die theoretische Behandlung von pseudoternären Signalen die Fourierdarstellung vielfach vorteilhaft. Eine wichtige Eigen-

Grundsätzliches:

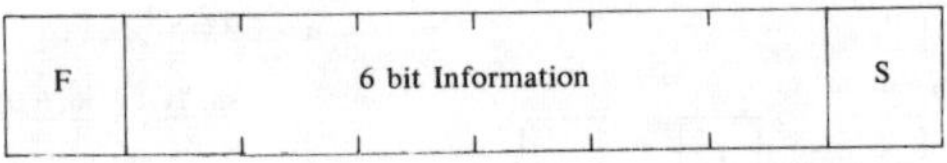

F . . . „Erstes ‚Rahmen = Framing'"-bit, dient zur Synchronisierung
S . . . „Status bit" = „Zustandsbit"

S gibt an, ob die im Rahmen enthaltenen Bits Daten-Bits oder Kontroll-Bits sind.
Belegungsbeispiel: Die Oktets (1 Oktet = 1 Rahmen) eines digitalen Fernsprechkanals (64 000 bit/sec = 8000 Oktets/sec) sollen im Sinne der auf Seite 114 gebrachten Übersicht zur Bildung eines Datenkanals (Leistung im Fernnetz: 12 800 bit/sec, für den Benützer verfügbar: 9600 bit/sec) herangezogen werden. Die Buchstaben P, Q und R seien zu übertragen, jeder Buchstabe benötige 8 bit, P_1 bedeutet dabei das 1te Bit von P; P_2 das 2te usw.
Die für diesen Datenkanal nicht benötigten Oktets des digitalen Fernsprechkanals stehen für die Bildung anderer Datenkanäle zur Verfügung.

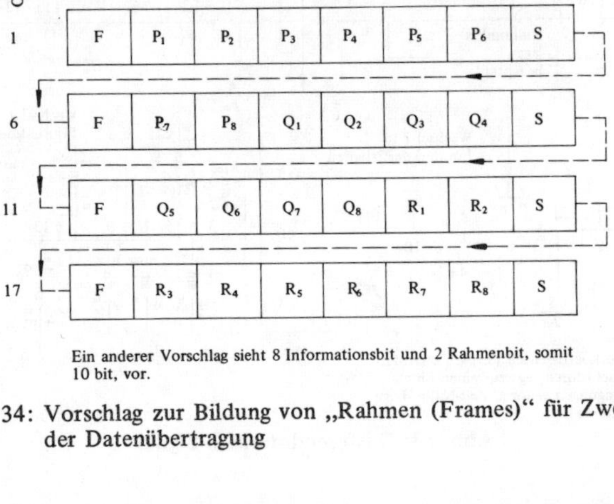

Ein anderer Vorschlag sieht 8 Informationsbit und 2 Rahmenbit, somit 10 bit, vor.

Abb. 34: Vorschlag zur Bildung von „Rahmen (Frames)" für Zwecke der Datenübertragung

schaft ergibt sich aus Abb. 33: Es fehlt die Gleichstromkomponente, daher können PCM-Leitungen im Sinne von Abb. 11 und 15 mit Übertragern abgeschlossen werden, was wesentlich zur Verbesserung der Symmetrierung und damit zur Verminderung des Störgeräusches beiträgt.

Wichtig für die Datenfernverarbeitung ist die Möglichkeit, für sie PCM-Kanäle heranzuziehen, wobei im Sinne eines, in Abb. 34 dargestellten englischen Vorschlages (bei ISO bzw. CCITT in Behandlung) mit „Rahmen (envelopes bzw. frames)" besonders im Nahverkehr (die Strecken, welche an eine Datenendstelle unmittelbar anschließen) gearbeitet werden. Diese „envelopes" sind vor allem für die Aufrechterhaltung des Synchronismusses gedacht, allerdings gibt es dafür auch andere (z. B. amerikanische) Vorschläge. Die sich aus einem PCM-Fernsprechkanal ergebende Übertragungsleistung kann im Sinne der Übersicht (s. S. 114) unterteilt werden.

Ähnlich, wie eine Unterteilung eines Kanals des „PCM-Systems 30 + 2" in Kanäle geringerer Geschwindigkeit möglich ist, bietet sich auch eine Zusammenfassung mehrerer derartiger Systeme zwecks Arbeit mit höherer Geschwindigkeit an (vgl. Tabelle II und III).

Auch hier müssen entsprechende Verluste in der Systemausnutzung zwecks Rahmenbildung (Synchronisierung) in Kauf genommen werden.

Die Tabelle IV gibt eine Gegenüberstellung von Trägerstrom- und PCM-Technik, es sei bemerkt, daß die Trägerstromtechnik durch Verbilligung der Filter bemüht ist, ihre Wettbewerbslage zu verbessern. Auf die folgende, in der Spalte „PCM-Technik" eingetragene Bemerkung sei besonders verwiesen: „Durchschaltungen sowohl im Zeit- als auch im Raumvielfachbetrieb möglich". Diese Tatsache wird in weiten Fachkreisen als Ausgangsbasis einer Neuorientierung der ganzen Fernmeldevermittlungstechnik gewertet. Die bisherige Trennung zwischen „Übertragungstechnik" und „Wähltechnik" würde wesentlich abgeschwächt, eine gemeinsame, beide Zweige umfassende Technik,

Verwendung eines digitalen Fernsprechkreises (64 000 bit/sec) zur Bildung von Datenkanälen

Anzahl der Datenkanäle	Leistung je Datenkanal		Jedes . . .te Oktet des ursprünglichen Fernsprechkanals wird für den Datenkanal zur Verfügung gestellt	Die Zeitdifferenz zwischen dem Beginn eines Oktets eines Datenkanals und dem Beginn des nächstfolgenden beträgt
	Im Fernnetz	Für den Benutzer		
1	64 000 bit/sec	48 000 bit/sec	Jedes Oktet	0,125 msec
5	12 800 bit/sec	9 600 bit/sec	Jedes 5. Oktet	0,625 msec
20	3 200 bit/sec	2 400 bit/sec	Jedes 20. Oktet	2,5 msec
80	800 bit/sec	600 bit/sec	Jedes 80. Oktet	10 msec

Tabelle II: Geplante höhere Geschwindigkeitsstufen in der PCM-Technik

Technische Ausführung des Übertragungs-Grundsystems / Leistung in Mbit/sec	2,048		8,448		34,304	
	Übertragungsform	Verstärkerabstand (km)	Übertragungsform	Verstärkerabstand (km)	Übertragungsform	Verstärkerabstand (km)
Gewöhnliches papierisoliertes symmetrisches unbespultes Kabel, Aderndurchmesser 0,6–0,9 mm	Doppelstrom	< 3				
Symmetrisches Hochfrequenzkabel, Aderndurchmesser 0,9	Doppelstrom	< 4	Doppelstrom	< 4		
Mikro-Koaxialkabel 0,65/2,8 mm			Doppelstrom	< 4	Dibitdoppelstrom (4 Stufen)	< 2
Klein-Koaxialkabel 1,2/4,4 mm					Dibitdoppelstrom (4 Stufen)	< 4
Richtfunkstrecke 12,7–12,9 GHertz (bei den beiden höheren Leistungen bis 13,25 GHertz)	Trägerunterbrechung	~ 20	Trägerunterbrechung	~ 20	4-Phasenmodulation	~ 20

erscheint möglich; einschlägige Probeausführungen erwiesen sich zudem als sehr raumsparend. Über Neuentwicklungen vgl. auch Abschnitt 4.4.

Ferner kommen Geräte, welche auf dem Zeitvielfachprinzip beruhen, zwecks Anschluß an Modems auf den Markt. Diese

Tabelle III: Vorgeschlagene sehr hohe Geschwindigkeitsstufen in der PCM-Technik

Leistung in Mbit/sec / Technische Ausführung des Übertragungs-Grundsystems	139,264		565,148	
	Übertragungsform	Verstärkerabstand (km)	Übertragungsform	Verstärkerabstand (km)
Klein-Koaxial-Kabel 1,2/4,4 mm	Dibit-Doppelstrom (4 Stufen)	< 2		
Normales Koaxial-Kabel 2,6/9,5 mm	Dibit-Doppelstrom (4 Stufen)	< 4	Mehrere Zustände pro Schritt	< 2
Hohlleiter 40–60 mm Durchmesser			Welle TE 01 20–120 GHertz	10–20
Richtfunk $>$ 18 GHertz	Phasenmodulation	~ 5	Phasenmodulation	~ 5
Sehr erfolgversprechend: Optische Glasfasern rund 100 μm Durchmesser oder weniger	Wellenbereich bei 20–120 GHz	1–2 oder mehr	Wellenbereich bei 20–120 GHz	1–2

Tabelle IV: Gegenüberstellung Trägerstrom – PCM-Technik

	Trägerstromtechnik	PCM-Technik
Grundleitung: Hochwertig, gute Nebensprech- und Störbedingungen	Wirtschaftliche Ausnützung des Frequenzbandes	Ungünstige Frequenzbandausnützung. Verbesserungsmöglichkeit: Mehrwertige Codierung
Grundleitung: Schlechtere Stör- und Nebensprechbedingungen	Kunstgriffe nötig, wie z. B. Kompander-Betrieb	Gegen Störungen und Nebensprechen unempfindlicher
Durchschaltung durch Vermittlungsstellen (insbesonders Wählzentralen)	Heruntergehen auf die normale Niederfrequenz nötig – Frequenzmultipel haben sich bisher nicht durchgesetzt	Durchschaltungen sowohl im Zeitvielfachbetrieb als auch im Raumvielfachbetrieb möglich
Kosten der Endstelle	Ziemlich hohe Kosten	Geringere Kosten
Mitversorgung des Fernsprechbetriebes mit digitalen Steuerleitungen	Ziemlicher Aufwand: Tonfrequenzübertragungen oder eigener Wählkanal mit sehr steilen Filtern Bemerkung: Bei niederfrequenten Vermittlungsleitungen oft noch 3adrige Führung	„Nebenkanäle" für den Fernsprechbetrieb mit geringem Aufwand beistellbar, allerdings viele Kleinarbeit für die Umstellung bzw. Anpassung nötig
Mitversorgung von Interessenten außerhalb des Fernsprechsektors mit digitalen Kanälen, insbesonders *Datenübertragung*	Weniger günstig	Sehr günstig
Geheimhaltung	Komplizierte Frequenzunterteilungen bzw. Frequenzverwerfungen	Relativ einfach, Geheimhaltung gab der PCM-Entwicklung die ersten Impulse
Derzeitiges wirtschaftliches Anwendungsgebiet	Fernsprechverkehr auf größere Entfernungen	Lange Vermittlungsleitungen in Großstädten und in den zugehörigen Randgemeinden

„Timeplexer" arbeiten als „Konzentratoren" – z. B. ist es möglich, an einen 9600-Bit-Modem (Synchronbetrieb) bis zu 70 asynchrone Datenkanäle zu je 110 bit/sec anzuschließen. Dabei ist eine große Flexibilität gegeben: Die Modemgeschwindigkeit kann bis auf 2400 bit/sec gesenkt werden; eine Geschwindigkeitserhöhung für einzelne, an den Modem angeschlossene asynchrone Datenkanäle bis zu 1200 bit/sec sowie eine Zusammenschaltung mit anderen asynchronen Datenkanälen niedrigerer Geschwindigkeit ist möglich. Die niedrigste asynchrone Geschwindigkeit beträgt 45 bit/sec. Die Leitungsausnützung ist erheblich besser als mit einer herkömmlichen WT. (vgl. Abschnitt 3.3).

4. Datennetze

4.1 Allgemeines

Das Kapitel 3 brachte nur die übertragungstechnischen Eigenschaften der Fernstrecken, nicht aber ihre betriebliche Gliederung. Direkte „Punkt-zu-Punkt"-(Stand-)Verbindungen sind selten wirtschaftlich vertretbar, derartige Fälle sind:

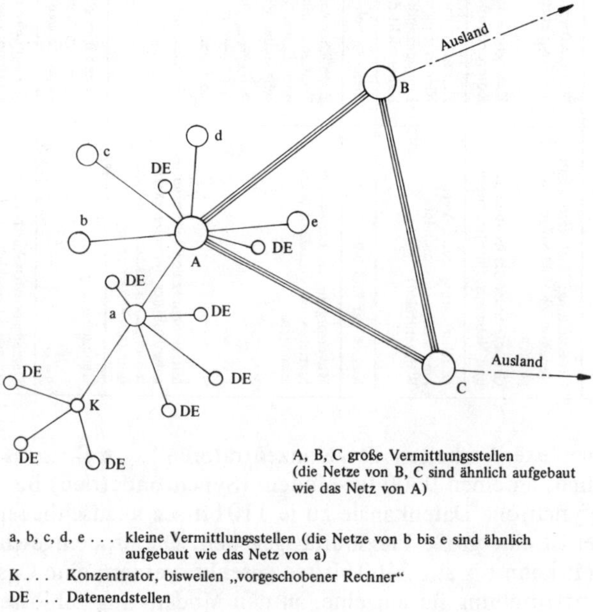

Abb. 35: Datennetz, allgemeiner Aufbau

a) Die übertragenen Informationen sind besonders wertvoll.

b) Es fällt zwischen den beiden Punkten eine sehr große Informationsmenge an.

c) Die Verbindung zwischen den beiden Punkten ist sehr billig (z. B. kurz).

Sonst werden die Datenleitungen zweckmäßigerweise in Datennetze zusammengefaßt (vgl. Abb. 35). Große Netze stützen sich auf ein meist vermaschtes und automatisches Grundnetz, das aus einigen großen Vermittlungsstellen besteht, daran sind – häufig in mehreren Stufen kleiner Vermittlungsstellen angeschlossen, die letzte Stufe stellen bisweilen Konzentratoren dar, welche bei günstiger geographischer Lage den Verkehr von mehreren Datenstationen zusammenfassen und ferner die Datenstationen selbst – die je nach Lage auch an jede Type von Vermittlungsstellen anschließbar sind.

Man kann zwei Netztypen unterscheiden: Netze, welche vor allem für Analogübertragungen entworfen sind (insbesonders das Fernsprechnetz) und Netze für Digitalübertragungen.

4.2 Mitbenutzung von Fernsprechnetzen für Datenübertragungen

Obwohl Digitalnetze für Datenfernverarbeitung bereits bestehen bzw. im Aufbau begriffen sind, kann wenigstens in nächster Zukunft auf die Mitbenutzung von Fernsprechnetzen für die Datenfernverarbeitung nicht verzichtet werden. Andere Analognetze, wie Programmsysteme für den Hörfunk und den Fernsehbetrieb, werden derzeit für Datenübertragungen kaum mitverwendet. Nicht zu übersehen ist die Tatsache, daß Fernsprechnetze in erster Linie für die Übermittlung der menschlichen Sprache ausgelegt sind, wodurch manche technische Vereinfachungen, welche sich auch kostenmäßig stark auswirken, möglich werden. Es ergeben sich daher aus der Mitbenutzung der Netze für Datenfernverarbeitung manche Probleme, einige wichtige sind in der Tabelle V – welche öffentliche und private Fernsprechnetze behandelt – mit entsprechenden Lösungsmöglichkeiten aufgenommen.

Tabelle V: Gegenüberstellung: Öffentliche – private Fernsprechnetze hinsichtlich ihrer Eignung für Datenfernverarbeitung

	Öffentliche Fernsprechnetze	Private Fernsprechnetze
Größe	Umfaßt alle vom Menschen belebten Teile der Erde	Wesentlich kleinere, in manchen Fällen aber beachtliche Ausdehnung (z. B. Netze der Eisenbahnverwaltungen, des Flugverkehrs, der Straßenverwaltungen u. a. m.)
Aufbau	Einheitliche Grundlinien durch CCITT gegeben	Teils Mietleitungen nach CCITT, teils private Leitungen, ebenfalls nach CCITT, teils aber schlechtere Leitungen
Ausnützung der Leitungsbündel	Fast immer wegen der hohen Bündelstärken gut	Wegen geringer Bündelstärken oft sehr schlecht
Ausnützung der Zeiten schwachen Verkehrs	Tarifbegünstigungen werden gegeben	Keine Tarifbegünstigungen
Blockierungswahrscheinlichkeit (Wahrscheinlichkeit, daß ein Rufversuch nicht durchs Netz hindurchkommt)	In manchen überlasteten Relationen während der Verkehrsspitzen sehr ungünstig. Auftreten von Rufwiederholungen	Kann durch Wartesysteme, insbesonders aber von Prioritäten, welche wichtigen Benützern eingeräumt werden, wesentlich gemildert werden
Geschwindigkeit des Verbindungsaufbaus	Durch Verwendung des alten Wählscheibenbetriebes meist gering. Ein Abgehen davon in nächster Zeit oft unwirtschaftlich	Einführung rascherer Wählsysteme (z. B. mit Tastenwahl) eher möglich, dazu noch weniger Wahlstufen

Möglichkeiten zur Verbesserung der Datenfähigkeit des Netzes	Schrittweise Auswechslung von Wählämtern mit ungünstigen Eigenschaften (Impulsstörungen) Wenn ein für Datenverkehr wichtiger Fernsprechanschluß an einer derartigen Wählzentrale liegt, möglichste Umschaltung auf einen bereits modernisierten Teil Wenn dies nicht möglich: Umschaltung auf ein fremdes, bereits modernisiertes Wählamt Eliminierung von bespulten Kabelstrecken niedriger Grenzfrequenz Umgehung von rückflußgedämpften Gabelschaltungen (Fall Österreich) Möglichst störgeschützte Führung von Datenleitungen Falls das Durchlaufen störbeeinflußter Strecken unvermeidlich: Abschluß der Datenleitungen durch Übertrager – allerdings unter Verzicht auf Gleichstromwahl	Alle, in einem öffentlichen Netz zweckmäßigen Maßnahmen sinngemäß anwendbar Darüber hinaus: Vierdrahtmäßige Leitungsführung bis zur Datenstation Besondere Entzerrung von Leitungswegen, welche im Datenverkehr oft benützt (angewählt) werden Im Wählbetrieb: Sperrung von Leitungen, welche für Datenverkehr ungünstig sind, gegen Benützung durch Datenverbindungen

Tabelle V: Gegenüberstellung: Öffentliche – private Fernsprechnetze hinsichtlich ihrer Eignung für Datenfernverarbeitung – Fortsetzung –

<table>
<tr><th></th><th>Öffentliche Fernsprechnetze</th><th>Private Fernsprechnetze</th></tr>
<tr><td>Erreichbare Übertragungsgeschwindigkeit</td><td>1200–2400 bit/sec, im österr. Fernverkehr wegen rückflußgedämpfter Gabeln derzeit nur rund 600 bit/sec</td><td>2400–4800 bit/sec, in manchen Fällen höher bis zu 9600 bit/sec</td></tr>
<tr><td>Bitfehlerrate (Wahrscheinlichkeit, daß ein Bit falsch übertragen wird)
Blockfehlerrate (Wahrscheinlichkeit, daß in einer zu Blöcken zusammengefaßten Bit-Folge ein Übertragungsfehler entsteht)</td><td>Bitfehlerrate:
<table>
<tr><th rowspan="2">Summenhäufigkeit</th><th colspan="2">Modem</th></tr>
<tr><th>V. 23</th><th>V. 26</th></tr>
<tr><td>70%</td><td>$5 \cdot 10^{-6}$</td><td>$8 \cdot 10^{-6}$</td></tr>
<tr><td>80%</td><td>$1{,}5 \cdot 10^{-5}$</td><td>$2 \cdot 10^{-5}$</td></tr>
<tr><td>90%</td><td>$6 \cdot 10^{-5}$</td><td>$6 \cdot 10^{-5}$</td></tr>
</table>
Blockfehlerrate:
Vergl. Abb. 36</td><td>Kann bei guten Privatnetzen günstiger sein als im öffentlichen Netz</td></tr>
</table>

Netzverhalten bei Störungen	Die großen Netze besitzen in sich eine gewisse Stabilität, insbesonders wenn sie vermascht sind. Notschaltungen (z. B. Funk)	Im Notfall: Ausweichen auf das öffentliche Fernsprechnetz möglich
Frequenzbandbeschneidung: Unter Opferung der hohen Frequenzen eines Fernsprechbandes werden Datenkanäle gewonnen. (Allerdings nur für geringe Geschwindigkeiten, vergl. auch Seite 79)	Kommt auf Landübertragungsstrecken praktisch nicht vor. Frequenzbandbeschneidungen *ohne* Gewinnung zusätzlicher Datenkanäle: In Transozeankabeln	Häufig verwendet. Allerdings ist das dadurch eingeengte Fernsprechband für hochwertigen Modembetrieb nicht mehr geeignet
Volkswirtschaftliche Aspekte	Gute Systemausnützung möglich	Gefahr der Zersplitterung des Fernmeldebetriebes

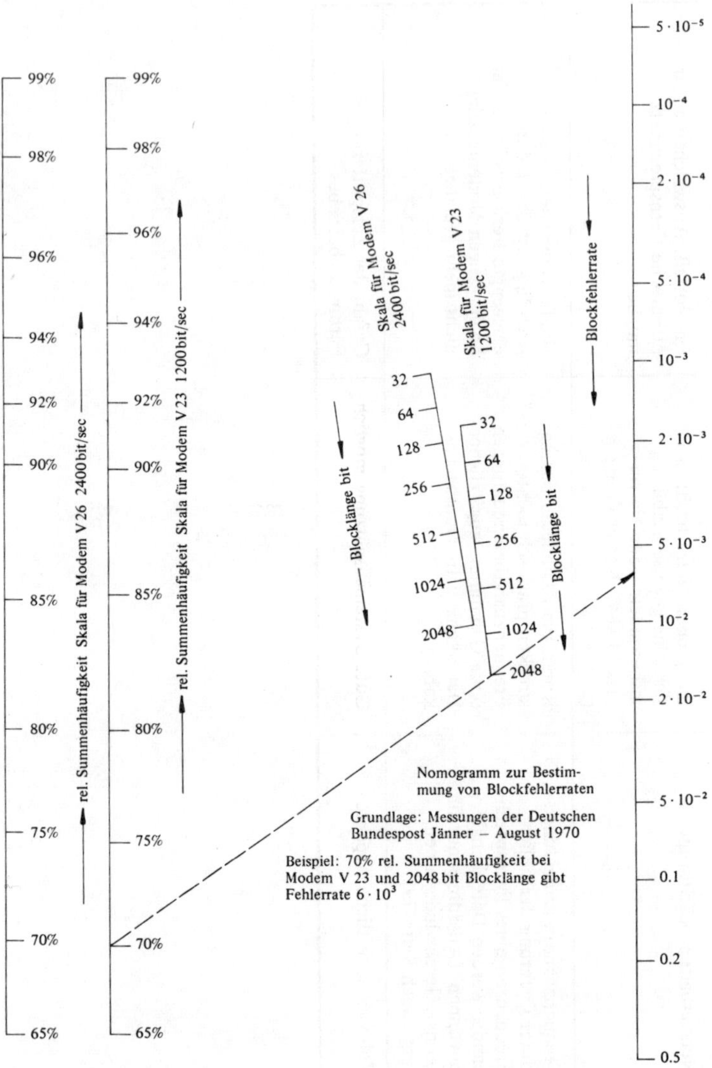

Abb. 36: Blockfehlerraten im Fernsprechnetz der Deutschen Bundespost

Hinsichtlich der in der Tabelle erwähnten „rückflußgedämpften" oder „rückflußarmen", in Österreich verwendeten Gabelschaltung,sei noch bemerkt, daß sie den in Abb. 13 skizzierten Echoerscheinungen entgegenwirkt und zwar dadurch, daß sie diejenige Richtung, in der momentan gesprochen wird, durchläßt, die Gegenrichtung, auf der Rückflußerscheinungen auftreten können, aber gleichzeitig sperrt. Dies wirkt sich aber bei Datenübertragungen, welche gleichzeitig beide Richtungen benötigen, sehr ungünstig aus; Hin- und Rückkanal beeinflussen sich gegenseitig, es treten unerwünschte Dämpfungen und Verzerrungen auf – es zeigte sich, daß man oft trotz dieser ungünstigen Verhältnisse mit Geschwindigkeiten von 600 Baud und darunter noch arbeiten kann, ab 600 Baud treten im Fernnetz Betriebsschwierigkeiten auf.

Derzeit wird zwischen den größeren österr. Städten ein Kurzwahlnetz aufgebaut, welches mit gewöhnlichen Gabeln arbeitet. In diesem Netz können für Datenübertragungen Geschwindigkeiten bis zu 2400 bit/sec erwartet werden.

Für die fernere Zukunft wird ein Datennetz unter Anlehnung an die „EDS-Technik" (vgl. Abschnitt 4.4) in Erwägung gezogen.

4.3 Datenübertragungen auf den bestehenden großen Digitalnetzen

Es bestehen bereits 2 große digitale Netze, und zwar das Telexnetz (für 50 Baud) und das Datexnetz (für 200 Baud). Das Telexnetz ist – ähnlich wie das Fernsprechnetz – erdballumspannend, allerdings ist die Zahl der Anschlußstellen wesentlich geringer. Ausgelegt ist es für den Betrieb mit Fernschreibern, dies führt dazu, daß für die Mitbenutzung des Netzes für Datenübertragungen einige Sonderregelungen bestehen, so daß bei einschlägigen Planungen das Einvernehmen mit der zuständigen Fernmeldeverwaltung angezeigt ist.

Im übrigen wird von dieser Möglichkeit wegen der verhältnismäßig geringen Übertragungsgeschwindigkeit und des Umstandes, daß nur immer in einer Übertragungsrichtung gearbeitet werden kann (Simplexbetrieb) – trotz der günstigen Bit-Fehlerrate von 5 bis 10 falschen Bit auf 10^6 gesendete Bit – relativ selten Gebrauch gemacht.

Kleiner im Umfang, aber speziell für die Datenfernverarbeitung entworfen, ist das Datexnetz, es bietet folgende Vorteile:

a) Die Schrittgeschwindigkeit ist bis zur Höchstgrenze von 200 Baud frei wählbar.

b) Sowohl Start-Stop- als auch für Synchronbetrieb sind zugelassen.

c) Duplexbetrieb, gleichzeitiger Betrieb in beide Übertragungsrichtungen bzw. (vierdrahtmäßige Leitungsführung bis zum Teilnehmer) wird geboten.

d) Der Code bzw. das Alphabet sind bis zu einem Zeichenumfang von 8 Bit mit ganz geringfügigen Einschränkungen, auf welche hier nicht näher eingegangen werden kann, frei wählbar.

Die Bitfehlerrate liegt mit 2 bis 8 fehlerhaften Bit auf 10^6 gesendeten noch etwas besser als im Telexbetrieb.

4.4 Geplante bzw. bereits im Aufbau begriffene neue Digitalnetze

Der Wunsch nach höheren Übertragungsgeschwindigkeiten und nach weiteren Leistungsmerkmalen, führte zu einer zwischen dem CCITT und der ISO abgesprochenen Planung, danach sind folgende Geschwindigkeitsklassen vorgesehen:

Klasse	Übertragungsgeschwindigkeit und Betriebsform
1	200 bit/sec Start/Stop; jedes Zeichen besteht im Sinne der CCITT-Empfehlung V. 4 aus 11 Bit (1 Startbit + 8 Informationsbit + 2 Stopbit)
2	50–200 bit/sec Start-/Stop-Mischklasse. Die Zeichenlänge kann zwischen 7,5 bis 12 Schritte/Zeichen gewählt werden
3	600 bit/sec Synchron-Betrieb
4	2 400 bit/sec Synchron-Betrieb
5	9 600 bit/sec Synchron-Betrieb
6	48 000 bit/sec Synchron-Betrieb

Die Datenteilnehmer können mit einer gegenüber der Höchstgeschwindigkeit herabgesetzten arbeiten, z. B. in Klasse 4 mit 1200 bit/sec oder in Klasse 5 mit 4800 bit/sec.

In der Mischklasse 2 können beispielsweise folgende Geschwindigkeiten und Code-Strukturen untergebracht werden:

50–75	bit/sec	7,5 Schritte/Zeichen
100	bit/sec	7,5 und 10 Schritte/Zeichen
110	bit/sec	11 Schritte/Zeichen
134,5	bit/sec	9 Schritte/Zeichen

Ferner ist vorgeschlagen, zwischen den Klassen 5 und 6 noch eine Geschwindigkeitsstufe, etwa 19 200 bit/sec einzuschieben und auch Klassen über 48 000 bit/sec vorzusehen, allerdings sollen aus wirtschaftlichen Erwägungen nicht allzuviele Klassen geschaffen werden.

Hinsichtlich der abgesprochenen Leistungsmerkmale gilt die Übersicht auf S. 128.

Auf lange Sicht, allerdings nicht ohne Widerspruch, ist die Auslassung der Klassen 1 und 2 vorgeschlagen, ferner der Übergang zum Synchronbetrieb im ganzen Netz mit der niedrigsten Geschwindigkeit von 600 bit/sec.

Die Verbindungsaufbauzeit soll im Bereich mittlerer Geschwindigkeiten unter 200 msec liegen, bei tieferen bis höchstens

Leistungsmerkmale		Verlangt	Empfohlen	Kann vorgesehen werden	Nicht verlangt
Symmetrischer Duplexbetrieb		X			
Code-Unabhängigkeit (Der Text kann aus jedem beliebigen Code bestehen)	Für die Klassen 1 und 2				X
	Für die übrigen Klassen	X			
Händisches und automatisches Wählen bzw. Antworten		X			
Direkter Ruf (durch einen einfachen Befehlsvorgang Verbindung mit einer bestimmten Stelle)			X		
Kurzadressen			X		
Geschlossene Teilnehmergruppen (in manchen Fällen bedeutet dies einen Ersatz für Privatnetze)			X		
Geschlossene Teilnehmergruppen, aber mit Zugang zum allgemeinen Netz				X	
Erkennung des entfernten Anschlusses (sie soll durch die Einrichtungen des öffentlichen Netzes erfolgen und stellt einen gewissen Schutz gegen Mißbrauch dar. Verbrecherische Manipulationen mit Namensgebern von Fernschreibmaschinen kamen bereits vor)				X	
Vielfach-Adressen				X	
Verzögerte Auslieferung der Nachricht	In der Klasse 1			X	
	In den übrigen Klassen				X

200 Baud erhöht sich dieser Wert auf etwa 1 sec, dabei soll die Blockierungswahrscheinlichkeit in der verkehrsreichsten Stunde unter 0,4% der Rufversuche liegen.

In technischer Hinsicht zeichnen sich zwei Ausführungskonzepte, und zwar das asynchrone und das synchrone Netz, ab.

In einem asynchronen Netz kann jeder Datenteilnehmer im Rahmen der Höchstgeschwindigkeit der betreffenden Klasse Signale mit beliebigen Flankenabständen senden

$$\left(T_{s\,min} = \frac{1}{V_{D\,max}}\right).$$

Die Flankenabstände kommen beim Empfänger im Idealfall unverzerrt, mit sehr hoher Wahrscheinlichkeit aber nur geringfügig verzerrt an. In wirtschaftlicher Hinsicht fügt sich dieses Netz günstig in Gebiete ein, in denen starke Vorleistungen basierend auf der Trägerstromtechnik und dem Telexdienst vorhanden sind, so insbesonders in Deutschland.

Hier ist das in Abb. 37 skizzierte „Datennetz mit elektronischer Datenvermittlung (EDS)" im schrittweisen Aufbau begriffen. Die wirtschaftliche Begründung dieser großen Investition liegt darin, daß sämtliche bisher bestehenden öffentlichen Digitalnetze in ein einziges zusammengefaßt werden können, wobei sich diese Zusammenfassung auch auf private Datennetze ausdehnen läßt; die Stationen eines bisherigen Privatnetzes können durch Schaffung von „Betriebsklassen" im EDS-Netz unter ihren gewohnten betrieblichen Bedingungen weiterarbeiten, die Leitungsausnutzung wird aber erheblich verbessert. Insbesonders soll aber auch das 50-Baud-Telexnetz, welches derzeit sich auf „TW39-Vermittlungsstellen", welche zur Zeit ihrer Entwicklung bahnbrechend wirkten, stützt, modernisiert werden. Auch hier sind wesentliche bessere Leitungsausnutzungen zu erwarten. Durch diese vorausberechenbare Erhöhung der Belastbarkeit des Netzes kann die Schaffung neuer Leitungen auf einige Zeit hinausgeschoben werden; das Problem, welche Technik dann gewählt wird (unter Umständen PCM) ist dann leichter lösbar. Jedenfalls ist das Konzept derart gestaltet, daß der spätere Übergang auf PCM möglich ist. Aus Abb. 37 sind viele Einzelheiten entnehmbar, insbesonders die gewählten Geschwindigkeitsklassen: 50, 200, 2400 und 9600 bit/sec.

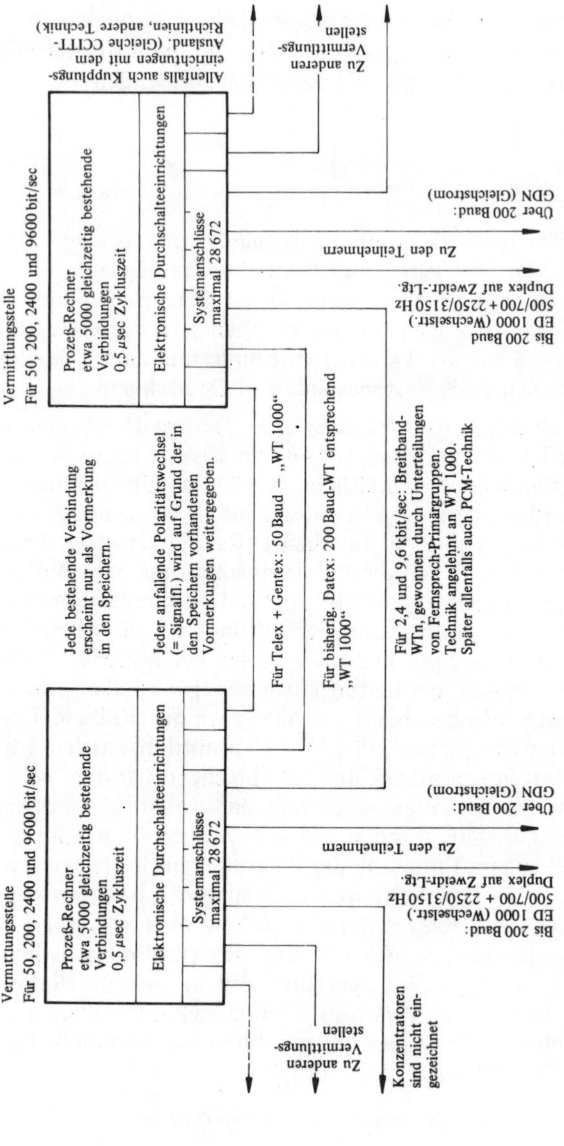

Abb. 37: Prinzipschema des deutschen Datennetzes mit elektronischer Datenvermittlung (EDS)

Dazu sollen später 48 000 bit/sec kommen. Das hauptsächliche Betriebsaufkommen liegt derzeit eindeutig bei 50 bit/sec (bisheriger Telex + Gentex). Die angeforderten Verbindungen werden im neuen System nicht mehr – wie bisher metallisch über Wähler durchgeschaltet, sondern es wird lediglich in den elektronischen Speichern, welche an den Vermittlungsstellen sitzen, vorgemerkt, daß z. B. die Stelle X mit der Stelle Y momentan im Verkehr steht.

Langt nun vom Partner X ein Signal (= Polaritätswechsel = = Flanke) ein, so wird aufgrund der Adreßvormerkungen in den Speichern (Pseudo-Durchschaltung) von den an den Vermittlungsstellen sitzenden Prozeßrechnern dieses Signal an den Partner Y weitergegeben. Die Prozeßrechner sind allerdings lediglich in der Lage, immer nur eine einzige derartige Polaritätsänderung zu verarbeiten, ihre Zykluszeit ist mit 0,5 μsec sehr kurz gewählt, so daß es selten vorkommt, daß zwei oder mehrere Polaritätsänderungen – herrührend von verschiedenen Pseudo-Durchschaltungen – innerhalb der Zykluszeit anfallen. Tritt dieser Fall trotzdem ein, so muß die etwas später erschienene Polaritätsänderung eben warten, bis ihre Vorgängerin verarbeitet ist, daraus können sich ganz geringfügige Flankenverspätungen (Verzerrungen) ergeben, welche aber bei niedrigeren Geschwindigkeiten (etwa bis 2400 bit/sec) kleiner sind als die Verzerrungen, welche in bisherigen Systemen aus anderen Ursachen auftreten. Bei 9600 bit/sec wirken sich Flankenverspätungen bereits stärker aus; Verbindungen dieser Geschwindigkeitsstufe werden daher vom Rechner mit Priorität bedient. Für 48 000 bit/sec ist ein eigenes Vermittlungssystem vorgesehen, welches sich auf die alte Raumvielfachtechnik stützt.

Im Gegensatz zu dieser bisherigen „Raumvielfachtechnik" heißt die neue, bis zu 9600 bit/sec vorgesehene Verbindungsform „Zeitvielfachtechnik".

Zur Verbindung der Vermittlungsstellen untereinander sind für die Geschwindigkeiten von 50 und 200 bit/sec raumsparende WT-Einrichtungen nach dem auf Seite 79 gebrachten Schema (sogenannte „WT-1000") vorgesehen. Für die Geschwindigkeiten 2400 und 9600 bit/sec kommen „Breitband-WTn", welche durch Unterteilung ganzer Primärgruppen (vgl. Seite 43) gewinnbar sind, zum Einsatz.

Für den Anschluß der Daten-Teilnehmer soll für Geschwindigkeiten bis zu 200 bit/sec die „Wechselstromanschlußtechnik ED 1000", welche im Abschnitt 3.3 noch nicht erwähnt ist, benutzt werden. (Einige technische Daten: Vollduplexbetrieb, Frequenzmodulation, eine Richtung mit 500/700 Hz, Gegenrichtung mit 2250/3150 Hz betrieben. Einfache Filter, daher kostengünstiger Aufbau.)

Für die beiden höheren Geschwindigkeiten dient die „GDN-Technik" (vgl. Abb. 20).

Die in Abb. 37 skizzierten großen Vermittlungsstellen sind nur in geringer Zahl für die Ballungszentren des Verkehrs vorgesehen. In Abb. 37 nicht gezeichnet sind „Konzentratoren", welche, den großen Vermittlungsstellen vorgeschoben, den regional anfallenden Verkehr zu sammeln und an die Vermittlungsstellen weiterzuleiten haben.

Für die Zusammenarbeit mit dem Ausland werden derzeit einschlägige CCITT-Empfehlungen (Kupplungseinrichtungen) ausgearbeitet; die verwendete Technik wird – zumindestens in nächster Zeit – in den einzelnen Ländern erhebliche Unterschiede aufweisen. Besonders markant sind die englischen Entwicklungen, welche sich auf die PCM-Technik stützt (vgl. Abb. 38 bzw. Abschnitt 3.5).

Die Gegenüberstellung auf S. 133 der deutschen und englischen Entwicklung ergänzt Abb. 37 und 38.

Zum dort erwähnten „Paket-Konzept" (packet-switching) wird bemerkt: Der von einer Datenquelle kommende Bit-Strom wird automatisch in einzelne Pakete (= Telegramme) etwa zu je 1000 bit unterteilt. Jedes Paket wird mit der Adresse des Empfängers versehen mit hoher Geschwindigkeit an seine Bestimmungsstation gebracht. Kommt dabei ein Paket an einen Engpaß (z. B. blockiertes Leitungsbündel), so kann es davor

	Deutsche Entwicklung	Englische Entwicklung
Grundgedanken	Möglichst wirtschaftlicher Aufbau auf den bisherigen technischen Gegebenheiten	Möglichste Orientierung in der Richtung auf zukünftige Formen. Sammlung von Erfahrungen für wesentlich teuere Neugestaltung im Fernsprechsektor
Betriebsform	asynchrones Netz	synchrones Netz
Geschwindigkeiten	50, 200, 2400, 9600, später 48 000 bit/sec	600, 2400, 9600, 48 000 bit/sec
Eingliederung von Telex und Gentex (50 bit/sec)	eingegliedert	In erster Planung nicht eingegliedert, die Eingliederung soll aber erwogen werden
Aufbau des Fernnetzes	WT-Betrieb, basierend auf Trägerstromtechnik, später allenfalls PCM	Vorherrschend PCM
Aufbau des Teilnehmer-Anschlußnetzes	Bis 200 bit/sec: ED 1000 (Wechselstrom). Über 200 bit/sec: GDN (Gleichstrom)	Geschwindigkeitsmäßige Unterteilung von PCM-Kanälen
Vermittlungsprinzip	Zeitvielfach, aber verschiedene Technik	
Paket-Konzept	Vorläufig nicht vorgesehen	In Planung
Anschlußmöglichkeit von Start-Stop-Endgeräten	Keine Schwierigkeiten	Zusätzliche Anpassungseinrichtungen nötig. Für spätere Zukunft: Nur Synchrongeräte, welche ihren Takt vom Netz her erhalten, zugelassen
Ziel für ferne Zukunft	Einheitliches („integriertes") Netz für sämtliche öffentlichen Fernmeldedienste	

„zwischengespeichert" werden und warten, bis der weitere Weg frei wird (Speicherprinzip). Dadurch wird eine sehr gute Ausnutzung des Fernnetzes erwartet. Als weiterer Vorteil des Systems wird die ihm eigene „Geschwindigkeitstransformation" angesehen, welches ein Zusammenarbeiten von Datenendgeräten verschiedener Geschwindigkeitsstufen ermöglicht. Dies

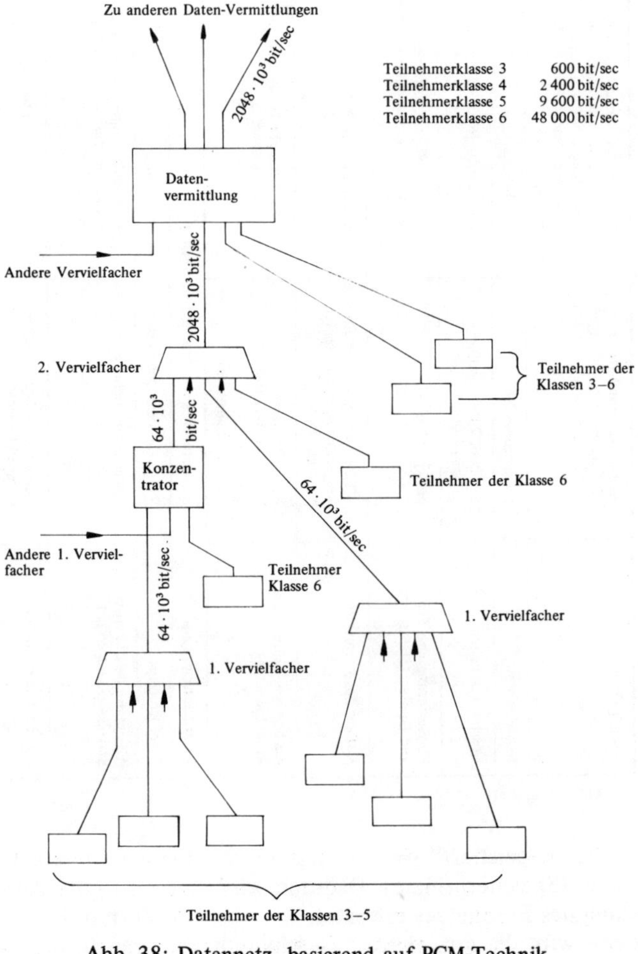

Abb. 38: Datennetz, basierend auf PCM-Technik

gilt insbesonders für Großrechenanlagen, welche vom Netz her einen Datenstrom hoher Geschwindigkeit erhalten können.

Auch in anderen Ländern wird an der Entwicklung von Datennetzen gearbeitet – teils handelt es sich dabei um asynchrone, teils um synchrone Netze oder um eine Mischform.

Die Fernmeldeindustrie wird ihr Lieferprogramm diesen Planungen anpassen müssen.

Es ist anzunehmen, daß private Datennetze beim Entstehen großer öffentlicher Netze an Bedeutung verlieren werden; für Großunternehmungen (z.B. Eisenbahnverwaltungen, Fluggesellschaften, Elektrizitätsversorgungen) werden sie wahrscheinlich bestehen bleiben, ihre Technik dürfte sich allerdings sehr an das Lieferprogramm der Fernmeldeindustrie und damit an die Planung der öffentlichen Netze anlehnen.

Normen über Datennetze sind in den „CCITT-X-Empfehlungen" zusammengefaßt.

5. Datenendgeräte

5.1 Allgemeines

Während in den vorangegangenen Ausführungen der technische und organisatorische Aufbau von Datenübertragungssystemen im Vordergrund standen, soll nun die Benutzung (Eingabe und Ausgabe von Daten) behandelt werden, Abb. 39 bringt dazu ein Übersichtsschema.

Diesem Schema sind 3 Gruppen von Eingabe- bzw. Ausgabeträgern zugrundegelegt:

1. Der Mensch,

2. die Umwelt,

3. Rechen- und Speicheranlagen.

Allerdings gibt es dabei Übergangsformen, z.B. wird man geneigt sein, eine rein medizinische Kontrolle bzw. Beeinflussung der menschlichen Herztätigkeit noch unter die Gruppe

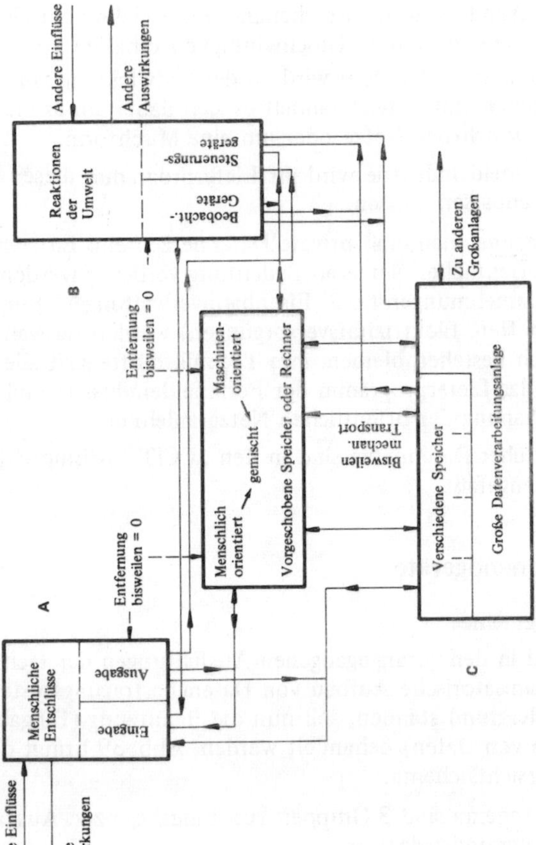

Abb. 39: Benützer-Schema eines Datennetzes

„Umwelt" einzuordnen, zweideutig wird der Fall, wenn man die Veränderung menschlicher Gehirnströme bei Auftreten von Willensakten fernüberträgt.

Unter „Umwelt" sind auch technische Geräte, wie etwa ferngesteuerte Werkzeugmaschinen einzuordnen, aber auch elektronische Rechenanlagen sind als Werkzeuge anzusprechen, wegen ihrer besonderen Bedeutung für die Datenfernverarbeitung wurden sie aus der allgemeinen Gruppe „Umwelt" herausgehoben.

Dem Einbau der „Umwelt" in das Schema kann vielleicht entgegengehalten werden, daß von mancher Seite her dafür ein eigenes Fachgebiet, das „Fernwirken" als zuständig erklärt wird. Allerdings zeigt es sich, daß Fernwirken auch den Menschen – zumindest als Kontrollorgan – benötigt, das gebrachte Dreieckschema erscheint somit wieder auf.

Ferner sind im Schema noch die „vorgeschobenen Speicher" bzw. die „vorgeschobenen Rechner" enthalten, diese können bisweilen direkt beim Menschen oder direkt bei der Umwelt liegen.

Nicht zu übersehen ist, daß die Datenendgeräte mittels genormter Schnittstellenleitungen (vgl. Abschnitt 3.4) an die Datenübertragungseinrichtungen angeschaltet werden sollen, um das Zusammenarbeiten von Geräten verschiedener Herkunft zu gewährleisten.

5.2 Die menschliche Sphäre

Die Tabelle VI beinhaltet die wichtigsten Informations-Aufnahme- bzw. -Abgabemöglichkeiten der menschlichen Sphäre. Daraus ist ersichtlich, daß für die Aufnahme derzeit die optische, für die Abgabe die mechanische Verbindung überwiegt. Vielfach wird dabei nicht direkt mit dem Datennetz, sondern unter Verwendung von Zwischenspeichern gearbeitet.

a) Wichtige Geräte für die Aufnahme sind:
Fernschreiber, Schnelldrucker,
Schnellzeichner,
Bildschirmgeräte,
Lautsprecher,
Lochkartenstanzer, insbesonders wenn es sich um mit Klarschrift am Rande versehene Lochkarten handelt.

Tabelle VI: Informations-Aufnahme und -Abgabe in der menschlichen Sphäre
Leistungen des zentralen Bewußtseins etwa 50 bit/sec

		Optisch	Mechanisch	Akustisch
Informations-aufnahme (nur wichtigste Sinne berücksichtigt)	Von Natur aus →	Auge, etwa $5 \cdot 10^6$ bis $5 \cdot 10^8$ bit/sec	Tastsinn, etwa 1 bis 10 bit/sec	Ohr, etwa $6 \cdot 10^4$ bis $3 \cdot 10^5$ bit/sec
	Im Datenbetrieb →	Wichtigste Verbindungsstelle – Unter Zwischenschaltung lesbarer Speicher, beschickt von Druckern oder Schnellzeichnern, ferner durch Bildschirmgeräte	Nur in Ausnahmefällen verwendet (z. B. für Blinde mittels Blindenschrift). Abtasten von Lochstreifen oder Lochkarten durch Blinde	Z. B.: Künstliche Sprache, eingesetzt im Zusammenwirken mit Modems nach CCITT-Empfehlung V. 30. Zudem: Einfache Hörsignale, z. B. Summertöne
Informations-Abgabe	Von Natur aus →	Gebärden: Etwa 1 bis 10 bit/sec		Sprache: Ton der Sprache etwa $6 \cdot 10^4$ bis $2 \cdot 10^5$ bit/sec. Sprachinhalt etwa 50 bit/sec
	Im Datenbetrieb →	Nicht verwendet	Handtastaturen und Markierstifte für Bildschirmgeräte, etwa 50 bit/sec. Kaum verwendet: Pedale (im Gegensatz zu anderen Zweigen der Technik wie Auto, Nähmaschinen, Musikinstrumente)	Erst im Versuchsstadium

b) Wichtige Geräte für die Abgabe sind:
Für das direkte Arbeiten mit dem Netz:
Tastaturen, darunter auch Tastenapparate im Wählfernsprecherbetrieb,
Markier- (oder Licht-)stifte für Bildschirmgeräte.
Für das Arbeiten über Speicher:
Stanz- und Kontrollmaschinen für die Herstellung von

Lochkarten,
Lochstreifenstanzer,
Magnetbandbeschrifter

c) Kombinationen dieser Einzelgeräte sind sehr gebräuchlich, etwa: Fernschreiber, welche den reichen Zeichenvorrat des Alphabetes Nr. 5 ausnützen – sie stellen technisch gesehen einen Zusammenbau einer Sendetastatur mit einem Druckwerk dar.
Eine Sendetastatur kombiniert mit einem Bildschirmgerät, eine weitere Zusatzeinrichtung stellt ein Markier- (oder Licht-)stift dar, dazu kann ein einfacher Drucker, allenfalls auch ein einfacher Speicher kommen.

d) Auch Kombinationen mit Rechenanlagen sind häufig, etwa: Saldiermaschinen, Registrierkassen, Buchungsmaschinen und Kleincomputer, welche gleichzeitig Lochkarten oder Lochstreifen stanzen bzw. andere Speicher, wie etwa Magnetbänder, beschriften.

e) Erwägenswert ist das Einlegen von „Kleinspeichern“ – wie Lochkarten, Lochstreifen oder Magnetkarten mit bereits vorbereitetem Informationsinhalt in ein Sendegerät.

5.3 Die Umwelt

Für die Beobachtung der Umwelt besteht eine bereits schwer überblickbare Zahl von Geräten, so etwa:

Mathematisch orientierte: Zähler aller Art, der Übergang zum Kleinrechner ist gegeben.

Geometrisch orientierte: z. B. Feststellung der Lage eines Gegenstandes durch Lichtschranken, Radar, Laser oder andere elektromagnetische Strahlen, durch Schall oder Überschall, durch elektrische Kontakte – aber auch einfache altbewährte Geräte, wie Wasserstands-Pegelmesser.

Mechanisch orientierte Meßgeräte für Zeit, Geschwindigkeit, Beschleunigung, Kräfte, Massen.

Meßgeräte für andere Bereiche der Physik: Wie Messung von Strahlungen aller Art, Luftdruck, Wärme, Strömungen, elektrotechnische Meßgeräte, Spezialgeräte der Astronomie.

Chemische Meßgeräte – automatische Analysen.

Biologisch-medizinische Meßgeräte.

Eine vollständige Aufzählung ist kaum möglich, sie würde zu weitläufig werden. Fast alle diese Geräte können entweder direkt oder mittels Zusätzen ins Datennetz arbeiten, wobei auch sehr oft eine Zwischenspeicherung in Betracht kommt.

Auch für die Steuerung der Umwelt stehen viele Geräte zur Verfügung, wie elektromechanische und elektronische Schalter, durch Elektromagnete (unter Vorschaltung von Verstärkern) steuerbare hydraulische oder pneumatische Ventile. Steuerbare Motore u. dgl.

Hier liegt, allenfalls unter Einschaltung von Zwischenspeichern, das Hauptgebiet des Fernwirkens, oft mit Rückmeldung des Steuererfolges. Die kurz aufgezählten Geräte arbeiten mit sehr gestreuter Geschwindigkeitsverteilung. Für viele ist eine Übertragungsgeschwindigkeit von 50 bit/sec noch viel zu hoch, für andere (z. B. Geräte der militärischen Raketentechnik) sind 48 kbit/sec noch zu wenig.

Es ist anzunehmen, daß die „Umwelt" noch einen wesentlichen Einfluß auf die Gestaltung von Datenübertragungsanlagen ausüben wird.

Derzeit arbeitet die „Umwelt" – insbesonders wenn es sich um automatische Produktion handelt – meist mit Sonderausführungen an der Zentralstelle, den „Prozeßrechnern" und, wie bereits erwähnt, fast immer mit dem Menschen zusammen.

5.4 Rechner und Speicher als Datenendgeräte

Abb. 40 zeigt das Prinzip einer, auf Datenfernverarbeitung ausgerichteten zentralen Rechenanlage.

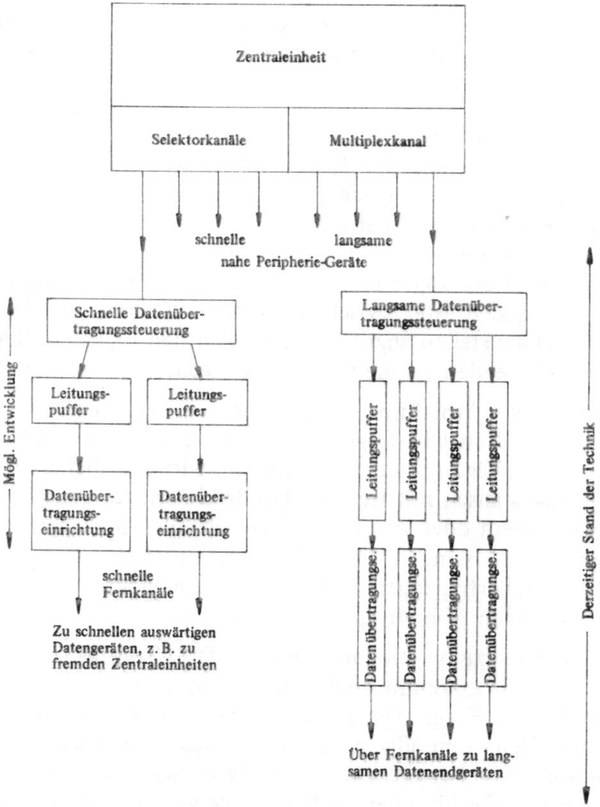

Abb. 40: Zentrale Rechenanlage mit Daten-Fernverarbeitung

Für die Bedienung rascher und naher Peripherie-Geräte (z. B. Magnetbänder, Magnettrommeln, Plattenspeicher u. dgl.) steht eine Reihe von Selektorkanälen zur Verfügung; ebenfalls nahe aber langsamere Peripheriegeräte (Lochkartenleser bzw. -stanzer, Lochstreifenleser bzw. -stanzer, Drucker, Schnellzeichner oder Kurvenschreiber – Plotter –) werden über Multiplexkanäle bedient.

Als langsames Peripherie-Gerät kann auch eine Daten-Übertragungs-Steuerung angeschlossen werden; ihr fallen folgende Aufgaben zu:

Anpassung der betrieblichen Eigenschaften der Übertragungswege an die Technik der Zentraleinheit, Austausch von Steuerzeichen mit den entfernten Datenendstellen, Fehlerschutz – falls dieser nicht an einer anderen Stelle vorgesehen ist. An die Datenübertragungssteuerung kann eine größere Anzahl von Leitungspuffern angeschlossen werden, diese haben Unterschiede im Zeitraster zwischen der Zentraleinheit und den fernen Datenstellen abzufangen, sie sind den Eigenschaften der anzuschließenden Fernleitungen entsprechend auszuwählen.

Wie bereits in Abschnitt 4.4 ausgeführt, ist zu erwarten, daß in nächster Zeit Übertragungsleitungen sehr hoher Geschwindigkeit zur Verfügung stehen werden, ein wirtschaftlicher Informationsaustausch mit fremden Großrechnern, vorgeschobenen Kleinrechnern oder vorgeschobenen schnellen Speichern wird dann möglich sein. Es dürfte dann vertretbar sein, diese schnellen Datenübertragungen an Selektorkanäle anzuschließen, wie dies bereits in Abb. 40 angedeutet ist.

Für Datennetze, welche aufgrund der PCM-Technik arbeiten (vgl. Abb. 38), kommt noch folgende Ausgestaltung der Rechneranschlüsse in Frage: Die von den verschiedenen Außenstellen kommenden – im allgemeinen langsamen – Datenströme werden vom Netz her nicht mehr in relativ vielen Anschlußleitungen an den Rechner herangebracht, sie werden vielmehr im Zeitvielfachverfahren ineinander verschachtelt und nützen daher die Anschlußleitungen bzw. die Anschlußeinrichtungen mit hoher Geschwindigkeit aus.

Das gleiche gilt sinngemäß für die Informationseingabe ins Datennetz: Im leitungssparenden „packet-switching-Verfahren" ist die Bildung von Informationspaketen bereits im Rechner denkbar. Die im Abschnitt 3.4 bereits erwähnten Schnittstellenleitungen für Geschwindigkeiten bis zu 10 Mbit/sec sind vor allem für das Zusammenarbeiten mit Rechnern gedacht.

6. Daten-Fernverarbeitungssysteme

6.1 Allgemeines

Die Vielfalt der Datenendgeräte ermöglicht ein Zusammenspiel in unabsehbar zahlreichen Kombinationsformen; einen gewissen Überblick ergeben Einteilungsmerkmale, welche sich aus dem praktischen Betrieb heraus entwickelt haben:

Man unterscheidet „off-line"- und „on-line"-Betrieb. Beim „off-line"-Betrieb (oder indirekter Datenfernverarbeitung) werden von den entfernt liegenden Außenstellen mit Hilfe der Fernübertragung zwar in die Nähe des zentralen Rechensystems gebracht, aber nicht unmittelbar in das zentrale Rechensystem selbst. Es erfolgt vielmehr am Bestimmungsort eine Zwischenspeicherung auf peripheren Geräten (Magnetbändern, Plattenspeichern, Lochkarten oder Lochstreifen). Zur eigentlichen Verarbeitung werden sie dort erst später vom zentralen Rechensystem abgerufen.

Beim „on-line"-Betrieb (direkte Datenfernverarbeitung) arbeiten die Außenstellen unmittelbar mit dem zentralen Rechenzentrum zusammen, dieses übernimmt auch die betriebliche Steuerung der Datenübertragung.

Etwas feiner ist die Aufgliederung nach typischen Anwendungsarten (vgl. Tabelle VII). Jede der angeführten Anwendungsarten ist sehr flexibel und ausbaufähig, bzw. es sind Kombinationen der verschiedenen Anwendungsarten möglich, es lassen sich daraus Organisationsformen ableiten, welche sich fast an alle Erfordernisse anpassen.

Am Schluß der Tabelle sind 2 Anwendungsarten, deren Struktur klare Gegensätze erkennen läßt, einander gegenübergestellt:

a) Der Teilnehmerbetrieb, der einer großen Zahl von Außenstellen verschiedenster Größe und Branchenzugehörigkeit die Vorteile einer Großrechenanlage zugänglich macht, wobei eine Sofortbedienung – auch zu Zeiten der Verkehrsspitzen– geboten werden soll.

Tabelle VII: Typische Anwendungsarten von Datenfernverarbeitung

Anwendungs-Art	Betriebsvorgänge (Rückfragen zwecks Fehlerbereinigung sind nicht besonders angeführt)		
	Informationsrichtung zur Zentrale	Zentrale Verarbeitung	Informationsabgabe an Datenstation(en)
Rechnergesteuerte Datenerfassung	Durchgabe von Nachrichten	Sammeln, Prüfen und Speicherung der Nachrichten. Zur Erreichung geringer Fehlerraten bisweilen Einsatz von Bildschirmen. Verarbeitung zu festgelegten Zeiten oder nach bestimmter Zeitspanne	
Nachrichten-Verteilung	Nachrichtenabgabe oft in etwas loser Form	Empfang (in manchen Organisationsformen auch Prüfung) der Nachrichten, ferner Selektrierung	Nachrichtenverteilung entweder nach Angabe des Absenders oder nach Sendeplan. Allenfalls zeitbegrenzte Zwischenspeicherung am Empfangsort

Auskunfts-Bearbeitung	Auskunftsbegehren; in Geheimhaltungsfällen Durchgabe von Erkennungszeichen	Prüfung von Anfrage (und Erkennungszeichen). Aufruf der nötigen Dateien allenfalls auch bei fremden Zentren. Dateien bleiben ungeändert. Etwaige Berichtigungen erfolgen durch andere Betriebsabläufe	Abgabe der gewünschten Auskunft
Direkt-Verarbeitung	Sendung von Nachrichten	Prüfung, Sichtung und direkte Verarbeitung der Nachrichten unter Berücksichtigung verschiedener Gesichtspunkte der Anwendung. Allenfalls Dateien-Berichtigungen	Ergebnismeldung an auslösende Station, allenfalls auch an andere. Oft anschließend neue Eingabe an Rechner
Teilnehmerbetrieb (time sharing). Viele voneinander unabhängige Teilnehmer	Durchgabe von Anweisungen an den Rechner; Aufruf von Programmen und Daten aus öffentlichen oder privaten Bibliotheken. Durchgabe eigener Daten und Programme	Rasche Durchführung der gewünschten Operationen, nötigenfalls unter Heranziehung fremder Rechner. Hilfeleistungen für den Benützer für die Erstellung neuer Programme. Zeitvielfach- (time-sharing-)Betrieb	Ergebnisdurchgabe (allenfalls auch Zwischenergebnisse). Oft anschließend neue Eingabe an Rechner im Wechselspiel

Tabelle VII: Typische Anwendungsarten von Datenfernverarbeitung – Fortsetzung –

Anwendungs-Art	Betriebsvorgänge (Rückfragen zwecks Fehlerbereinigung sind nicht besonders angeführt)		
	Informationsrichtung zur Zentrale	Zentrale Verarbeitung	Informationsabgabe an Datenstation(en)
Stapel-, Fern-Verarbeitung	Sammlung größerer Datenmengen, welche nicht unbedingt sofort bearbeitet werden müssen. Durchgabe der Daten an die schnelle Peripherie der Zentrale	Zwischenspeicherung der Daten auf der schnellen Peripherie. Im geeigneten Zeitpunkt Abarbeitung so, als ob die Daten an Ort und Stelle angefallen wären, dadurch gute Ausnützung der zentralen Rechenanlage. Wenn Datenübertragungsleitungen hoher Übertragungsgeschwindigkeit verfügbar, günstige wirtschaftliche Bedingungen. Ferner: Ausnützungsmöglichkeit billiger Nachttarife. Zudem zeigt das Leitungsnetz bei Nacht günstigere Fehlerraten als bei Tag.	Je nach Bedarf und Organisation: Rücklieferung der Auswertungsergebnisse – sowohl im Stapel als auch im Direktbetrieb

Bemerkung zur Nachrichten-verteilung	In der 4. Tagung der CEPT (Bedeutung der Abkürzung vergl. Abschnitt 1.1) wurde folgende Empfehlung beschlossen: „Private Datenverarbeitungszentren, die an das öffentliche Netz angeschlossen sind, dürfen nicht ermächtigt werden, eine Tätigkeit auszuüben, die dem Wesen nach einen öffentlichen Fernmeldedienst darstellt.“ Bei der Planung von Nachrichtenverteilungen ist daher eine Absprache mit der örtlich zuständigen Fernmeldeverwaltung angezeigt.

b) Die Stapelfernverarbeitung, abgestellt auf eine nicht besonders schnelle Bedienung relativ weniger, aber großer Außenstellen. Dabei muß häufig weder die Datenübertragung noch die Verarbeitung in die durch den Teilnehmerbetrieb hervorgerufene Verkehrsspitze fallen.

Eine Kombination beider Betriebsformen ergibt eine gute wirtschaftliche Ausnutzung der Rechenanlagen und des Leitungsnetzes.

Eine andere Möglichkeit, die Spitzen im Teilnehmerbetrieb auszugleichen, besteht in einem Computerverbundbetrieb, der sich über zwei Kontinente verschiedener Ortszeit (z.B. Amerika und Europa) erstreckt. Die amerikanische Verkehrsspitze tritt einige Stunden später auf als die europäische; so könnten europäische Teilnehmer während der europäischen Verkehrsspitze durch amerikanische Rechenkapazität versorgt werden, weil es dort noch „früh am Tag“ ist. Die im Computerverbundbetrieb dabei auftretenden Laufzeiten halten sich in erträglichen Grenzen, so daß es ein europäischer Teilnehmer gar nicht merkt, daß er – etwa via Satellit oder via Transozeankabel – von einem amerikanischen Rechenzentrum bedient wird. Umgekehrt können europäische Großrechenanlagen, wenn es bei ihnen schon „spät“ geworden ist und ihr eigener Teilnehmerverkehr abflaut, Rechenkapazität für Amerika, wo noch Vollbetrieb herrscht, zur Verfügung stellen.

Derzeit sind Verbundsysteme, welche den geschilderten Zeitdifferenzeffekt ausnützen, im Aufbau begriffen.

6.2 Betriebsnormen

Für den Datenaustausch zwischen zwei Endstellen ist es nötig, einen gemeinsamen Zeichenvorrat zu verwenden, dafür bieten sich eine ganze Reihe von Alphabeten an, hier kann nur das vom CCITT empfohlene „Alphabet Nr. 5“ (Weißbuch V.3) kurz behandelt werden: Es wird dabei ein 7-bit-Code verwendet, der, wie Abb. 41 zeigt, insgesamt $2^7 = 128$ Plätze bietet.

CCITT
V 3
Alphabet Nr. 5

DIN 66003
ist sehr ähnlich

Bits				b_7 →	0	0	0	0	1	1	1	1
				b_6 →	0	0	1	1	0	0	1	1
				b_5 →	0	1	0	1	0	1	0	1
b_4	b_3	b_2	b_1	Zeile \ Spalte	0	1	2	3	4	5	6	7
0	0	0	0	0	NUL	(TC_7) DLE	SP	0	(@) ③	P	\ ④	p
0	0	0	1	1	(TC_1) SOH	DC_1	!	1	A	Q	a	q
0	0	1	0	2	(TC_2) STX	DC_2	" ⑥	2	B	R	b	r
0	0	1	1	3	(TC_3) ETX	DC_3	£ ③⑦	3	C	S	c	s
0	1	0	0	4	(TC_4) EOT	DC_4	$ ③④	4	D	T	d	t
0	1	0	1	5	(TC_5) ENQ	(TC_8) NAK	%	5	E	U	e	u
0	1	1	0	6	(TC_6) ACK	(TC_9) SYN	&	6	F	V	f	v
0	1	1	1	7	BEL	(TC_{10}) ETB	' ⑥	7	G	W	g	w
1	0	0	0	8	FE_0 (BS)	CAN	(	8	H	X	h	x
1	0	0	1	9	FE_1 (HT)	EM	)	9	I	Y	i	y
1	0	1	0	10	FE_2 (LF) ①	SUB	*	: ⑧	J	Z	j	z
1	0	1	1	11	FE_3 (VF)	ESC	+	; ⑧	K	([) ③	k	③
1	1	0	0	12	FE_4 (FF)	IS_4 (FS)	,	<	L	③	l	③
1	1	0	1	13	FE_5 (CR) ①	IS_3 (GS)	–	=	M	(]) ③	m	③
1	1	1	0	14	SO	IS_2 (RS)	.	>	N	^ ⑤⑥	n	– ④⑤
1	1	1	1	15	SI	IS_1 (US)	/	?	O	–	o	DEL

Abb. 41: Alphabet Nr. 5 (nach CCITT)

Der Platz eines Zeichens in der Tabelle wird durch den Bruch „Zugehörige Spalte“/„Zugehörige Zeile“ festgelegt, z.B. für die Ziffer 6 : 3/6 entsprechend der Binärfolge 0110110.

In einzelnen Plätzen (z.B. 5/11) stehen Hinweise wie ③.

Die meisten dieser Hinweise geben den einzelnen Ländern die Möglichkeit, hier im Sinne eines nationalen Bedarfes Zeichen einzufügen. Z.B. entstand aufgrund der CCITT-Empfehlung V.3 die in der Deutschen Bundesrepublik geltende Norm DIN 66 003, welche unter anderem am Platz 5/11 den Buchstaben Ä einsetzt.

Hinsichtlich aller Einzelheiten muß hier auf die genannte DIN-Norm bzw. auf die Empfehlung V.3 verwiesen werden, es sollen hier lediglich die „TC-Zeichen“ (Transmission control character = Übertragungsleitzeichen), welche ganz besonders der Datenübertragung gewidmet sind, in der Übersicht auf S. 151 gebracht werden:

Wie bereits mehrmals erwähnt, schleichen sich am Übertragungsweg bit-Fehler ein; für heikle Datenübertragungen (z.B. Bankbetrieb oder Steuerung empfindlicher Prozesse) ergeben sich dabei untragbare Fehlerraten, welche verbessert werden müssen. Dabei wird immer Redundanz in die Nachricht eingefügt, die Vorgangsweise soll aufgrund von Abb. 42 (HIGH LEVEL DATA CONTROL PROCEDURES) geschildert werden. Es handelt sich dabei um ein neues, allerdings erst in ISO-Normung begriffenes Verfahren. Es ist für den Datenaustausch zwischen großen Ballungszentren, welche in Vollduplex miteinander arbeiten, gedacht. Das Verfahren soll den Aufwand für die Steuerung bzw. Überwachung des Übertragungsvorgangs (die sogenannte „Übertragungsredundanz“) möglichst klein halten, zu diesem Zweck wurde ein „bitorientiertes Steuerungssystem“ entwickelt. Im einfachsten Fall (Punkt-zu-Punkt-Verbindung mit „Select-Betrieb“) sind nur 2 Stationen zusammengeschaltet. „Primary 1 (bzw. 2)“ haben die Aufgabe, Nutzinformationen zu senden, „Secondary 1 (bzw. 2)“ sie zu empfangen.

Platz	Kurz-zeichen	Bedeutung	
		Deutsch	Englisch
0/1	SOH	Anfang des Kopfes	Start of Heading
0/2	STX	Anfang des Textes	Start of Text
0/3	ETX	Ende des Textes	End of Text
0/4	EOT	Ende der Übertragung	End of Transmission
0/5	ENQ	Stationsaufforderung: „Gib Antwort“	Enquiry
0/6	ACK	Positive Rückmeldung: „In Ordnung“ bzw. „Ich stimme zu“	Acknowledge
1/0	DLE	Datenübertragungs-Umschaltung „Das (die) folgende(n) Zeichen ändert(n) seine (ihre) Bedeutung“	Data Link Escapa
1/5	NAK	Negative Rückmeldung, z.B.: „Ich kann nicht zustimmen (quittieren)!“	Negative Acknowledge
1/6	SYN	Synchronisierung. Bitfolge 0010110 zur Erreichung (Erhaltung) des Synchronismusses	Synchronous Idle
1/7	ETB	Ende des Datenübertragungsblocks	End of Transmission Block

Im Gegensatz zum „Select-Betrieb“ sendet beim „Poll-Betrieb“ eine Secondary-Station über Aufforderung Nutzinformationen an eine Primary-Station. Der „Exchange-Betrieb“ stellt eine Kombination von „Select- und Poll-Betrieb“ dar; eine Secondary-Station empfängt und sendet anschließend ihrerseits Nutz-

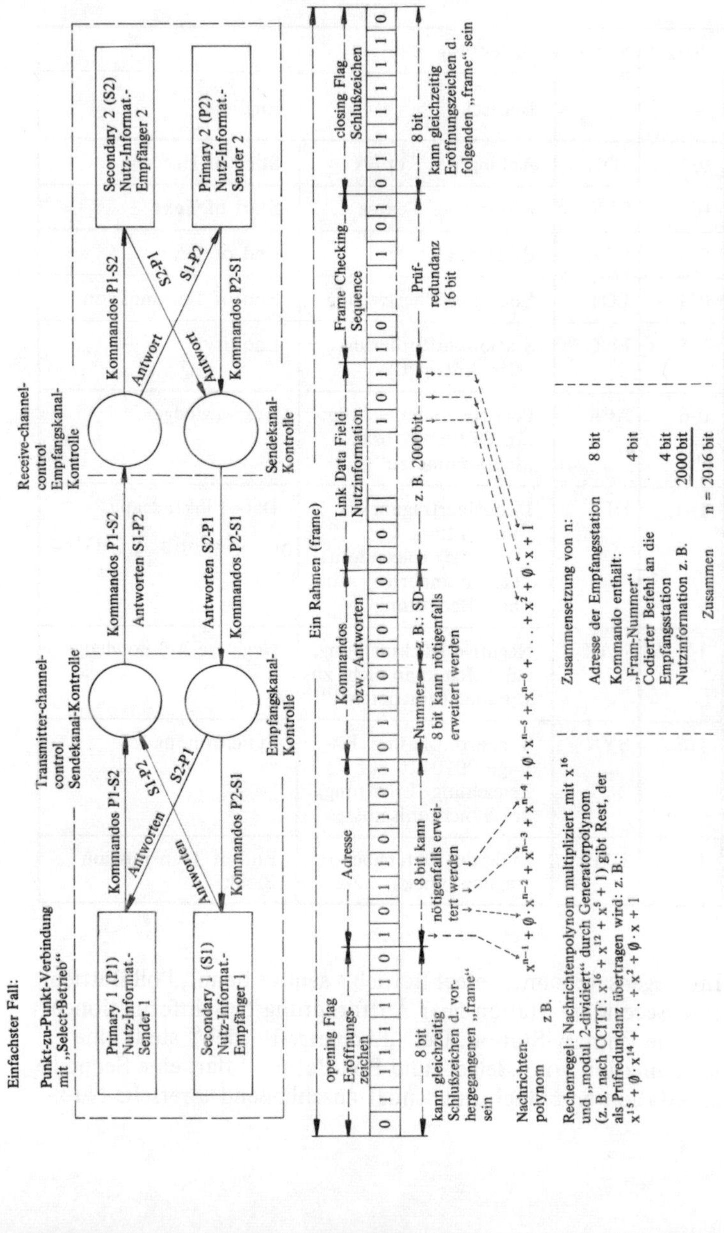

Abb. 42: Grundzüge der „High Level Data Link Control Procedures“ (HDLC-Procedures) Hochwertiges Kontrollverfahren für Datenverbindungen

informationen. Zur Vermeidung von Weitschweifigkeiten sind allerdings die beiden letztgenannten Betriebsformen weder in der Abb. 42 noch im folgenden Text weiter behandelt.

Der Datenfluß wird in „frames“ (Rahmen) – vgl. Abb. 42 Mitte – unterteilt. Eröffnet und geschlossen wird ein Rahmen durch die Bitfolge 01111110 (flag), wobei durch folgenden Kunstgriff sichergestellt wird, daß das Binärzeichen „1“ 6mal hintereinander nur in den „flags“ vorkommen kann: Entsteht zufälligerweise im Text eine Folge von 5 Binärzeichen „1“, so wird im Sender automatisch nach dem 5ten Binärzeichen „1“ das Binärzeichen „0“ eingeschoben, beim Empfänger wird diese „0“ wieder automatisch entfernt.

Der Rahmen enthält: 8 bit für die Adresse; da mehrere Stationen (Viel-Punkt-Verbindung) zusammengeschaltet werden können, ist diese hohe Bit-Zahl vorgesehen. – Wir nehmen an, es handle sich um einen „Kommandorahmen“ (der wie Abb. 42 zeigt, von einer „Primary-Station“ gesendet wird). – Dann folgen 8 Kommandobits, davon dienen die ersten 4 bit dazu, das folgende Kommando und gleichzeitig damit den ganzen Rahmen zu numerieren, um ihn von anderen Rahmen unterscheiden zu können (Nummernvorrat 16). Dann folgt das aus 4 bit bestehende eigentliche Kommando, welches eine Anweisung an die „Secondary-Station“ enthält. Es schließt sich eine beliebig lange Nutzinformation an, welche an keinen genormten Code gebunden zu sein braucht („transparente Übertragung“). Es können auch Rahmen gesendet werden, welche nur ein Kommando, aber keine Nutzinformation enthalten.
Je besser der Übertragungsweg ist, um so höher kann die maximale Rahmenlänge gewählt werden, da mit steigender Leitungsgüte die Wahrscheinlichkeit, daß ein Rahmen unrichtig übertragen wird und daher wiederholt werden muß, fällt. Es folgt nun die „Prüfredundanz“, bestehend aus 16 bit, welche durch einen Rechenvorgang in einem „Schieberegister“ ermittelt wird: Die Bitfolge, bestehend aus Adresse, numeriertem Kommando und Nutzinformation (z.B. 2016 bit) wird, wie Abb. 42 genauer zeigt, als „Nachrichtenpolynom“ aufgefaßt; mittels der eben-

falls in Abb. 42 wiedergegebenen Rechenregel ergibt sich die Prüfredundanz. Diese wird an die Nutzinformation angeschlossen, es folgt endlich das Rahmenschlußzeichen. In der Empfangsstation wird die Prüfredundanz ebenfalls durch ein Schieberegister nachgerechnet. Ist der Rahmen nicht in Ordnung, so wird er nicht anerkannt.

Die Rahmen müssen nun „quittiert" werden. Dazu dienen die numerierten Kommandos bzw. Antworten. So bedeutet z. B. das Kommando SR (Bitfolge: 0000) „Empfange und quittiere möglichst anschließend" oder das Kommando SD (Bitfolge 0010) „Empfange, quittiere aber etwas später, wenn Du dazu aufgefordert wirst". – Auch die von der „Secondary-Station" gegebenen Antworten sind (meist) numeriert und durchlaufen den in Abb. 42 skizzierten Weg. Beispiele: AC (Bitfolge 1010) „Angenommen". NF (Bitfolge 1000) „Im Rahmen wurde ein Irrtum festgestellt". NS (Bitfolge 0110) „Falsche Rahmennummer".

Eine ausgeklügelte Buchführung besteht sowohl hinsichtlich der Nummern der Kommandos als auch der Antwortrahmen, um zu vermeiden, daß Nutzinformation verloren geht. Eine völlig genaue Beschreibung des Verfahrens würde zu weit führen; ein tieferes Eindringen in die Materie ist etwa durch ein genaues Studium der einschlägigen „ISO-Dokumente" – vgl. diesbezüglich Seite 166 – möglich. Allerdings ist die Diskussion über die Normung des Verfahrens keineswegs abgeschlossen.

Hervorgehoben sei noch, daß zwecks Erreichung einer möglichst kleinen Übertragungsredundanz von den „TC-Übertragungssteuer-Zeichen" des Alphabetes Nr. 5 kein Gebrauch gemacht wird. Theoretisch gesehen arbeitet das geschilderte Verfahren mit einem „Zyklischem Code"; durch die erwähnte 16-bit-Prüfredundanz ergibt sich dabei ein Verbesserungsfaktor von etwa $2^{16} = 6{,}5 \cdot 10^4$. Genügt dies ausnahmsweise nicht, so kann die Prüfredundanz vergrößert werden (empfohlen wird ein Zusatz von 8 bit oder ein Vielfaches davon). In der CCITT-Empfehlung V. 41 sind für die Anwendung des Zyklischen Codes noch viele zusätzliche Einzelheiten wiedergegeben, die dort beschriebenen „Procedures“ entsprechen allerdings nicht mehr den neuesten ISO-Bestrebungen. Außer dem Zyklischen Code gibt es viele andere „fehlererkennende“ Prüfmethoden, wohl die einfachste ist die bereits mehrfach erwähnte „Querparität“, bei der den Zeichenbits (Anzahl z. B. 7) noch ein zusätzliches Prüfbit hinzugefügt wird. Diese Methode ist in der ISO-Empfehlung Nr. 1734 genau beschrieben, die mit ihr erzielbare Verbesserung der Fehlerraten ist bescheiden, denn Doppel-, 4fach- und -6fach-Fehler, welche bei Büschelstörungen verhältnismäßig häufig auftreten, bleiben bei ihr unerkannt. Dagegen gibt sie bei Bemerkung eines Fehlers sehr rasch „Alarm“, sie wird häufig mit der hochwertigen Prüfung durch „Zyklischen Code“ kombiniert.

Erwähnenswert ist ferner die „Längsparitätsprüfung“ – ISO-Empfehlung Nr. 1732 –, weniger wirksam, aber einfacher als der „Zyklische Code“. Daneben besteht noch eine ganze Reihe von der ISO nicht genormter Fehlererkennungsverfahren. Außerdem gibt es *fehlerkorrigierende* Verfahren, diese werden bei terrestrischen Datenübertragungen, bei denen die Möglichkeit einer Rückfrage besteht, kaum verwendet.

Ein etwas älteres Verfahren, die „BASIS MODE CONTROL PROCEDURES FOR DATA COMMUNICATION SYSTEMS“, behandelt in den ISO-Empfehlungen Nr. 1745, lehnt sich wesentlich stärker an das Alphabet Nr. 5 an. Danach gliedert sich der Betriebsvorgang in 5 Phasen, und zwar:

Phase 1: Verbindungsaufbau im Netz der zuständigen Fernmeldeverwaltung.

Phase 2: Aufruf der für die Übertragung benötigten Datenstationen.

Phase 3: Übertragung der Nutzinformationen.

Phase 4: Rückkehr der beteiligten Datenstationen in ihre Ausgangsstellung.

Phase 5: Zusammenwerfen der Phase 1 aufgebauten Fernmeldeverbindung.

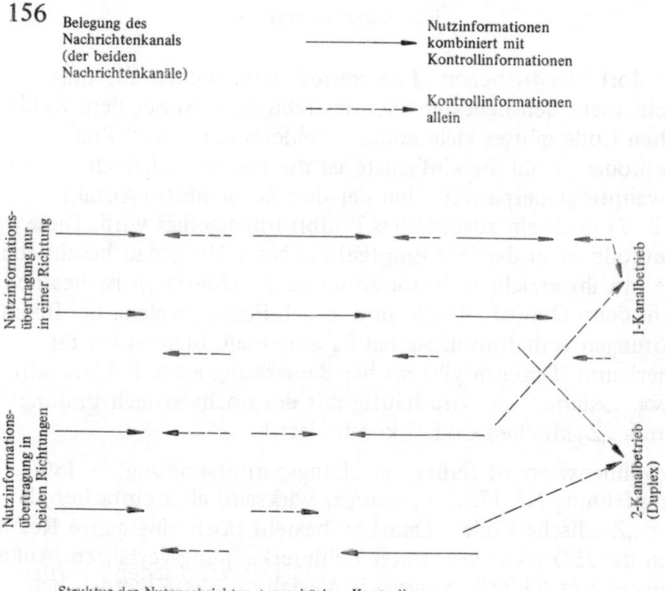

Struktur der Nutznachrichten + zugehöriger Kontrollen

STX – – – Text – – – ETX (BCC) — ETX gibt an, daß kein weiterer Block folgt

STX – – – Text – – – ETB (BCC) — ETB zeigt an, daß es nicht der letzte Block war

SOH – – – Kopf – – – STX – – – Text – – – ETX (BCC)

SOH – – – Kopf – – – STX – – – Text – – – ETB (BCC)

Zeichen	Bedeutung
SOH	Anfang des Kopfes (Start of Heading)
STX	Anfang des Textes (Start of Text)
ETX	Ende des Textes (End of Text)
ETB	Ende des Blocks (End of Block)
(B) (C) (C)	Meist 16 bit: Blockkontrollzeichen (Block-Check-Character)

Abb. 43: Einige Grundzüge der „Basic mode control procedures for data communication systems“ (Grundverfahren für Ferndatenübertragung) ISO-Empfehlung Nr. 1745

In Abb. 43 sind einige Einzelheiten aus der Phase 3 dargestellt.

Der Nachrichtenfluß wird nicht – wie vorher geschildert – in „Rahmen = frames", sondern in „Blocks" unterteilt. Am Beginn bzw. am Ende der einzelnen Blocks stehen „TC-Zeichen" (im Sinne des Alphabetes Nr. 5). Ferner werden derartige Zeichen zwischen der Adresse und der Nutzinformation verwendet.

Wie ebenfalls in Abb. 43 angedeutet, wird nach jedem Block sofort dessen Bestätigung (oder die Mitteilung, daß etwas nicht in Ordnung ist) erwartet, so daß die in modernen Netzen gebotene Duplexmöglichkeit nicht ausgeschöpft wird, allerdings ist das ganze Betriebsverfahren, das ebenfalls nicht in allen Einzelheiten hier geschildert werden kann, einfacher als bei den „High Level Data Control Procedures".

Neben den angeführten gibt es noch eine ganze Reihe anderer, allerdings von der ISO nicht genormter Verfahren.

Im Gegensatz zu den beschriebenen „automatischen" Fehlererkennungen sind ferner „Plausibilitätsprüfungen" möglich, welche sich allerdings sehr nach dem vorliegenden Sonderfall richten. Bei ihnen wird geprüft, ob verschiedene in die Rechenanlage einströmende (bzw. bereits dort gespeicherte) Informationen im richtigen logischen Zusammenhang stehen.

Beispiel: Die Schaltermaschine einer Bankfiliale gibt die Girokontonummer eines bei ihr erschienenen Kunden an die Zentrale durch und erhält daraufhin seinen bisherigen Kontostand. Es folgt nun die Bedienung des Kunden, anschließend gibt die Schaltermaschine an den zentralen Rechner folgende Angaben: Kontonummer des Kunden, alter Kontostand, getätigte Zu- und Abbuchungen, neuer Kontostand (von der Schaltermaschine der Filiale errechnet). Es kann nun von der zentralen Rechenanlage folgendes geprüft werden:

1. Blieb die richtige Zuordnung Girokontonummer – bisheriger Kontostand während des ganzen Vorgangs erhalten?
2. Stimmt der gemeldete neue Kontostand mit dem in der Zentrale zu errechnenden überein?

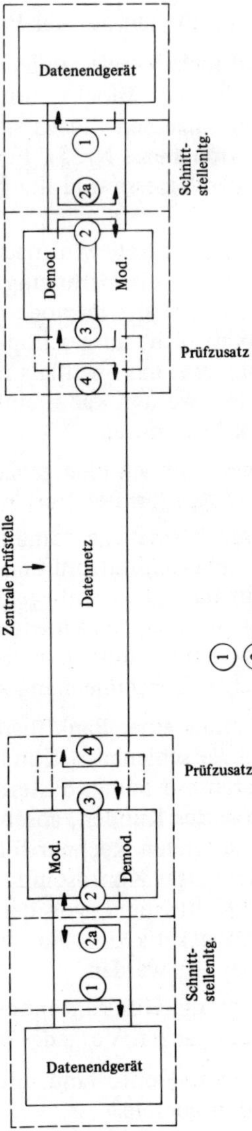

Abb. 44: ISO-Vorschlag zur schnellen Fehlereingrenzung durch Schleifenbildungen

Theoretisch handelt es sich dabei um die Auswertung von Redundanzen, welche mehr oder weniger versteckt in den Informationen enthalten sind.

Ferner kann bei Auftreten von „Fehlerschwärmen" Alarm gegeben werden, dies leitet zu den technisch-physikalischen Prüfverfahren über. Werden technische Störungen im Übertragungsweg vermutet, so ist deren rasche Eingrenzung bzw. Beseitigung sehr wichtig.

Dazu kann das in Abb. 44 skizzierte Schleifenprüfverfahren, welches sich allerdings ebenfalls erst im Stadium der Normung durch ISO und CCITT befindet, aber bereits die Zustimmung verschiedener Länder gefunden hat, dienen. Dabei sollen im Störungsfall an den mit ①, ②, (2a), ③ und ④ bezeichneten Stellen Schleifen gebildet werden. Die Prüffunktion der einzelnen Schleifen ist aus der Skizze unmittelbar entnehmbar, z. B. ergibt die Schleife 1 eine Prüfung auf ordnungsgemäßes Arbeiten des eigenen Datenendgerätes, die Schleife 2 (gemacht beim fernen Partner), ob der ganze Übertragungsweg, aber das Endgerät des Partners ausgeschlossen, in Ordnung ist usw. Die Schleifen 1, 2 und 2a können leicht an den Enden der Schnittstellenleitungen gebildet werden, dagegen wirft die Herstellung der Schleifen 3 und 4 bereits Probleme auf. Beispielsweise gibt es Modems – etwa nach V. 21 – welche zwar in Duplexbetrieb arbeiten, bei denen aber die Sendeseite von der Empfangsseite technisch verschieden ist. Hier muß ein „Prüfsatz" vorgesehen werden, der z. B. einen Frequenzumsetzer und einen Pegelregler enthält, wodurch die Schleifenbildung erst sinnvoll wird.

Gewiß bedeutet der „Prüfsatz" einen neuen, zusätzlichen Aufwand, doch sind die Fachkreise, welche das Schleifenprüfverfahren vorschlagen, der Ansicht, daß sich dieser Aufwand lohnt. Ist eine rohe Störungseingrenzung erfolgt, so kann auch die Mitwirkung einer zentralen Prüfstelle, welche in Abb. 44 nur angedeutet ist, in Anspruch genommen werden. Allerdings kann das überschlägige Schleifenprüfverfahren auch zu Irrtümern führen, z. B.: Eine Datenstation sei nicht mehr in der Lage, die in der Empfehlung V. 50 festgelegten Verzerrungen zu verkraften, wohl aber kleinere. Die Station wird daher bei Bildung naher, praktisch verzerrungsfreier Schleifen, ordnungsgemäß arbeiten, daraus können allenfalls Fehlschlüsse gezogen werden. Eine weitere Möglichkeit zur Erhöhung der Betriebssicherheit stellt der Einsatz „besonders wichtiger Leitungen" – § 47 der Fernmeldeordnung (BRD) – dar. Diese bestehen aus einem „Erststromweg" und einem „Zweitstromweg", welche technisch derart geführt sind, daß die Wahrscheinlichkeit einer gleichzeitigen Störung beider Wege fast gegen Null gedrückt wird. Geht man nun zusätzlich vom Grundsatz „was rastet, das rostet" aus und sendet unter Ausdehnung der derzeitigen Bestimmungen Datenströme gleichzeitig über beide Stromwege, so lassen sich wesentliche Vorteile sowohl hinsichtlich der Betriebssicherheit als auch hinsichtlich der Übertragungsgeschwindigkeit erreichen. Ein genaues Eingehen auf diese zukunftsorientierten Möglichkeiten würde zu weit führen, ebenso ein Eingehen auf hochentwickelte Fehlerprüfmethoden, welche derzeit bei der ISO bzw. CCITT in Diskussion stehen.

6.3 Zukunftsorientierte Anwendungen

Abb. 45 zeigt das Liefer- und Verrechnungssystem eines Großhandelsunternehmens. Es verfügt über eine zentrale Verwaltung, mehrere auswärtige Warenlager und über eine Transportstelle. Geschäftsverbindungen bestehen zu mehreren Lieferanten, zu einem größeren Kundenstock und zu Banken. Im Bild sind die dabei auftretenden Informationsflüsse dargestellt, im wesentlichen ergibt sich ihre Funktion aus der graphischen Darstellung von selbst. Auf eine Einzelheit sei allerdings hingewiesen: Die „Auslieferungssteuerung", welche wie üblich Kontakt mit den eigenen Warenlagern, der Transportstelle und den Kunden hat, besitzt zudem noch eine Verbindung zu einem „Spezialrechner für Transportoptimierung". Diese Verbindung kann derzeit noch als „zukunftsorientiert" bezeichnet werden; es ist aber zu berücksichtigen, daß die Transportprobleme besonders in den Großstädten derart verwickelt sind, daß ihre Lösung die

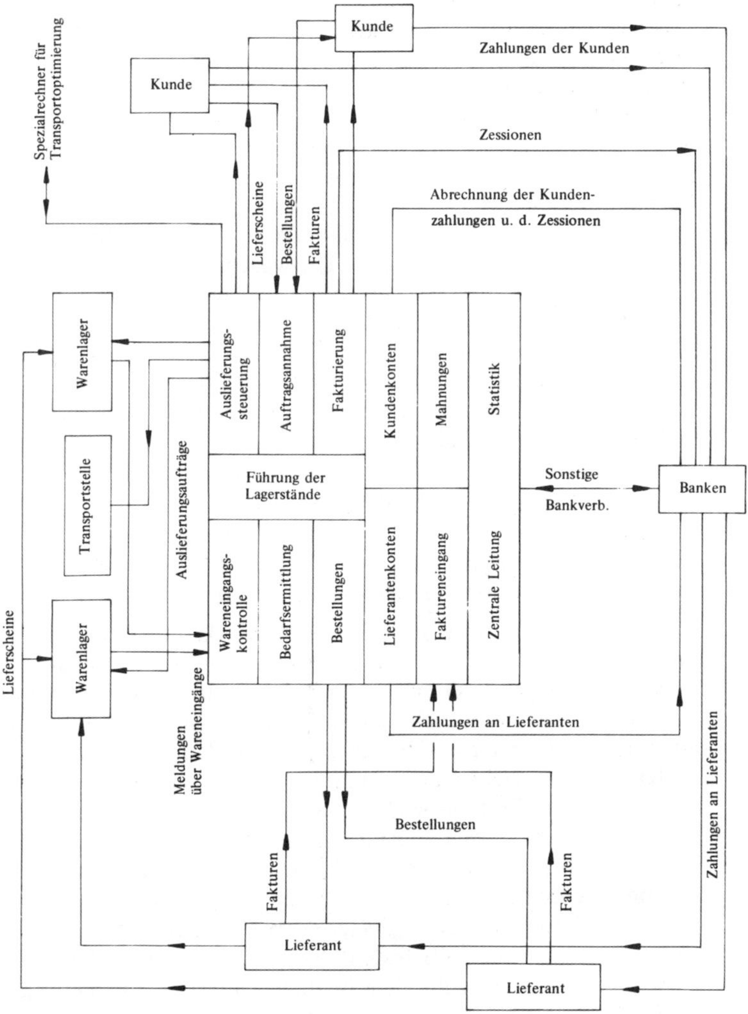

Abb. 45: Anwendungsmöglichkeiten der Daten-Fernverarbeitung

Kapazität einer mittleren Anlage bereits überschreitet. Umgekehrt ist ein derartiger Spezialrechner nur dann wirtschaftlich, wenn er seine Dienste (Programme bzw. Datenbestände) im Wege über eine Datenfernverarbeitung (etwa Dialogverkehr) möglichst vielen Interessenten zur Verfügung stellt. Gegeben ist im allgemeinen die Warenart (Menge, Gewicht, Besonderheiten wie Anfälligkeit gegen Bruch u. dgl.), Ausgangs- und Bestimmungsort, allenfalls auch Zwischenpunkte, ferner der gewünschte Auslieferungszeitpunkt. Zu ermitteln ist: Die Transportart: Eigener Lastwagen oder Lastwagen eines Frächters, Eisenbahn, Post, Flugzeug oder für Massengüter Schiff? Dazu kommt noch die Frage nach dem besten Transportweg (sparsamster Treibstoffverbrauch); hier muß die allgemeine Verkehrs- und Wirtschaftslage berücksichtigt werden. Es ist evident, daß Lösungen dieser nur kurz gestreiften Probleme stark umweltbedingt sind: Es erscheint somit in einem, ursprünglich rein kaufmännisch entwickelten Systemplan, die „Umwelt" als neue Komponente (vgl. Dreieckschema in Abb. 39).

Es ist anzunehmen, daß in künftigen Systemen derartige Umweltkomponenten, welche im Fernverkehr an den Rechner herangebracht werden, immer wichtiger werden.

Ein anderes Zukunftsgebiet für Datenfernverkehr sei nur kurz umrissen: Bekanntlich ist man derzeit bestrebt, die Arbeitsspeicher dadurch besser auszunutzen, daß man im sogenannten „virtuellen Speicherbetrieb" solche Teile des laufenden Programms, welche relativ selten gebraucht werden, nicht sofort in den Arbeitsspeicher hereinnimmt, sondern nur auf externen Speichern (z.B. Plattenspeichern) abrufbereit hält. Durch das Hin- und Herübertragen von Programmteilen ergibt sich ein gewisser Verlust an Rechenzeit, der in tragbaren Grenzen gehalten werden muß. Nun ist es für eine Großstadt denkbar, statt des relativ langsamen „anlageeigenen" Plattenspeichers einen rascheren (allenfalls festen) zentralen Speicher (Abb. 46) zu verwenden, in dem für viele Benutzer derartige, nur fallweise benötigte Programmteile zur Verfügung gehalten werden. Es könnte sogar die Aufgliederung dieses zentralen Speichers in

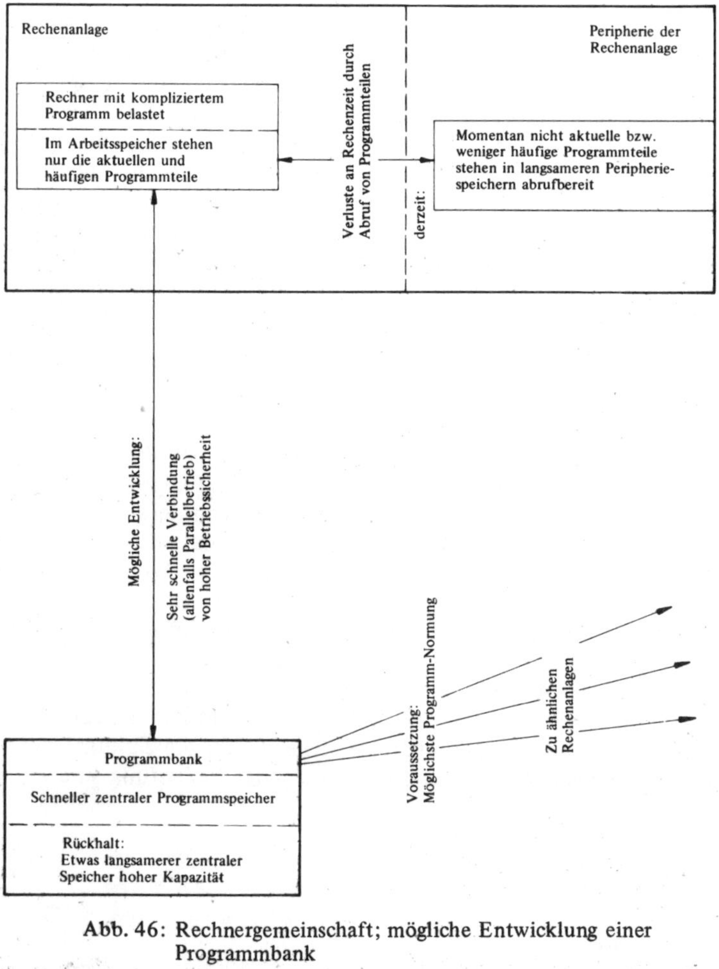

Abb. 46: Rechnergemeinschaft; mögliche Entwicklung einer Programmbank

einen besonders schnellen Teil (für relativ häufige Programmteile) und einen langsameren Teil (für etwas seltenere Programmteile) in Betracht kommen. Die Zugriffe zu diesen zentral bereitgehaltenen Programmteilen müßte über sehr rasche, möglichst kurze Leitungen hoher Betriebssicherheit erfolgen (z. B. Koaxialkabel mit verbesserter Schirmung, Hohlleiter, Laserbetrieb über Glasfasern, Richtfunkstrecken). Bei all diesen Möglichkeiten spielt eine gesicherte Stromversorgung eine entscheidende Rolle. Hier könnten Spezialzellen, welche bei erträglichen Kosten in der Raumfahrt als Stromquellen dienen und sich dort als extrem betriebssicher erwiesen, in Betracht kommen. Sie setzen Wasserstoff (oder andere geeignete Substanzen) plus Sauerstoff zur direkten Erzeugung von Gleichstrom in Wasser um.

Das derzeit bereits stark diskutierte Thema „zentrale Datenbanken" ist somit in der Richtung „zentrale Programmteil-Banken" erweiterungsfähig.

Dabei ergibt sich als organisatorisches Kernstück die möglichste Normung von Programmen, es zeigt sich ganz allgemein, daß ein Großteil der zukünftigen Entwicklung von derartigen Normungsfragen abhängt. Der alte Satz „leges breves sunto" – die Gesetze mögen kurz sein – gilt dabei als Wunschtraum noch heute: Das Abwägen, wieweit soll man den Menschen durch Normungen einengen und was bietet man ihm für diesen Freiheitsentzug – tritt in den Vordergrund, so daß rein menschliche Aspekte (kollegiale Zusammenarbeit – über Staatsgrenzen hinweg – gegenseitige Schätzung und daraus sich ergebende Freundschaften) vielleicht für die Zukunft der Datenfernverarbeitung von entscheidender Bedeutung sind.

Literatur

A. Bücher

Bergmann, K.: Lehrbuch der Fernmeldetechnik. 2. Aufl., Berlin 1970.

CCITT-Recommendations; Weißbuch; insbesonders V.- und X.-Empfehlungen; Herausgeber: The International Telecommunication Union 1969 – Neue Ausgabe erscheint demnächst.

Dienst bei der Deutschen Bundespost, Band 6: Fernmeldetechnik, 6. Teil/III und 11. Teil/I und II. Hamburg – Berlin 1971.

DIN-Taschenbuch 25: Informationsverarbeitung. Berlin – Köln – Frankfurt 1969.

Fetzer, V.: Einschwingvorgänge in der Nachrichtentechnik. Berlin 1958.

Gurow und andere Autoren: Grundlagen der Datenübertragung. Leipzig 1969.

Hofmann, E.: Wörterbuch Datenverarbeitung. Englisch – Deutsch, Deutsch – Englisch. Berlin 1971.

Hoffmann, Michael J. A.: Datenfernübertragung – Verkehrsarten und Wirtschaftlichkeit der Datenübertragung. Berlin – New York 1973.

Kaden, H.: Theoretische Grundlagen der Datenübertragung. München – Wien 1968.

Küpfmüller, H.: Einführung in die theoretische Elektrotechnik. Berlin/Heidelberg/New York 1968.

Küpfmüller, K.: Systemtheorie der elektrischen Nachrichtenübertragung. Stuttgart 1968.

Martin, J.: Die Organisation von Datennetzen. München 1972.

Merkblätter und technische Vorschriften über die Datendienste der DBP. FTZ – Darmstadt.

Nolle, F. K.: Datenfernverarbeitung. Verlagsgesellschaft R. Müller. Köln-Braunsfeld 1970.

Pausch, H.: Jahrbuch des elektrischen Fernmeldewesens, Jahrgang 1971 und 1972. Verlag für Wissenschaft und Leben; Heidecker; Bad Windsheim.

Steinbuch/Rupprecht: Nachrichtentechnik. Berlin/Heidelberg/New York 1967.

B. Zeitschriften und kürzere Veröffentlichungen:

ADL-Nachrichten. Zeitschrift für Informationsverarbeitung, Kiel.

Der Fernmelde-Ingenieur. Insbesonders: Das deutsche Datennetz mit dem elektronischen Datenvermittlungssystem (EDS). Jahrgang 1972, Hefte 5/6.

ISO-Berichte und recommendations; insbesonders:

ISO/TC 97 (Secretariat – 181) 279: Recommendation Nr. 1745 "Basic mode control procedures for data communication systems".

ISO/TC 97 SC 6 651: "HDLC-Procedures–Proposed draft international standard on frame structures".

ISO/TC 97/SC 6 660 u. 794: "HDLC-Procedures–Proposed draft international standard on commands and responses".

ISO/TC 97 SC 6 588: "Fault isolation methods for data communications systems".

ISO/TC 97 SC 6 600: "The maintenance and diagnosis problem in a data transmission link".

ISO/TC 97/SC 6 840: "Electrical Characteristics for Balanced Interchange Circuits for General use with Integrated Circuit Equipment in the Field of Data Communications".

ISO/TC 97/SC 6 841: "Electrical Characteristic for Unbalanced Interchange Circuits for General use with Integrated Circuit Equipment in the Field of Data Communications".

ISO/TC 97/SC 6 815: "USA Comments on ISO/TC 97/SC 6 795 and 796 for Digital Interface Characteristics".

ISO/TC 97/SC 6 809: "Technical Basic for USA Disapproval of ISO/TC 97/SC 6 794 HDLC, Proposed Draft International Standard on Commands and Responses".

ISO/TC 97/SC 6 832: "German considerations for a proposed supplement to CCITT recommendations X. 20 regarding signalling".

ISO/TC 97/SC 6 (Japan 43) 835: Application of V. 24 Interface DTE on New Data Network.

ISO/TC 97/SC 6 839 "INTERFACES AND FAULT ISOLATION".

Neuer wichtiger Entwurf (im vorliegenden Buch noch nicht vollständig verwertet): ISO/TC 97/SC 1 317 Vocabulary of Data Processing, Section 23, Data Transmission.

Internationaler Eisenbahnverband: Doc 22: „Allgemeine Grundsätze für Gliederung, Gestaltung und Betrieb der Datenübertragungsnetze zur Anwendung bei den Eisenbahnen."

Ferner Zeitschriften und Einzelveröffentlichungen verschiedener, mit Datenübertragung bzw. Fernverarbeitung befaßter Firmen.

Eingestreute Fachaufsätze in vielen, auf die gesamte Elektrotechnik oder auf die gesamte Datentechnik orientierten Zeitschriften.

Sachregister

Informatik in der Sammlung Göschen

Einführung in Teilgebiete der Informatik

I: Von W. Dirlewanger, K.-U. Dobler, L. Hieber, P. Roos, H. Rzehak, H.-J. Schneider, C. Unger. 136 S. 1972. DM 9,80
ISBN 3 11 003910 9 (Band 5011)

II: Von W. Dirlewanger, E. Falkenberg, L. Hieber, P. Roos, H. Rzehak, K. Unger. Etwa 160 S. 1974. Im Druck ISBN 3 11 004042 5

P. Mertens (Hrsg.)

Angewandte Informatik

198 S. Mit 38 Abb. 1972. DM 9,80 (Band 5013)
ISBN 3 11 004112 X

R. Klar

Digitale Rechenautomaten

Eine Einführung. 205 S. Mit 75 Abb., 19 Tab., 37 Beisp. 1970. DM 7,80
ISBN 3 11 002793 3 (Band 1241/1241a)

H. Noltemeier

Datenstrukturen und höhere Programmiertechniken

86 S. 1972. DM 9,80
ISBN 3 11 003947 8 (Band 5012)

U. Grupe

Programmiersprachen für die numerische Werkzeugmaschinensteuerung

Etwa 160 S. In Vorb. ISBN 3 11 004240 1